蓝色伦理

可持续和公平的水资源利用和管理之伦理视角

Blue Ethics: Ethical Perspectives on Sustainable,

Fair Water Resources Use and Management

蓝色伦理

可持续和公平的水资源利用和管理之伦理视角

Blue Ethics: Ethical Perspectives on Sustainable,

Fair Water Resources Use and Management

伯努瓦·吉拉尔丹

和埃弗莉娜·菲克特-维德曼　主编

Benoît Girardin / Evelyne Fiechter-Widemann (Editors)

本书由水伦理研究会会员合作完成

With the Collaboration of Members of the Workshop for Water

Ethics' Association (W4W)

伦理实践丛书 13 - Globethics.net Praxis No. 13

Globethics.net Praxis Series

Globethics.net 的主管出版物：Obiora Ike 博士是日內瓦 Globethics.net 的執行董事。他還是尼日利亞 Enugu 的 Godfrey Okoye 大學的倫理學教授
丛书系列编辑：伊尼亚斯 哈茨 Ignace Haaz

Globethics.net Praxis 13 伦理实践丛书 13
蓝色伦理可持续和公平的水资源利用和管理之伦理视角 Blue Ethics
伯努瓦·吉拉尔丹和埃弗莉娜·菲克特-维德曼 主编
Benoît Girardin / Evelyne Fiechter-Widemann (Editors)
Geneva: Globethics.net, 2022
ISBN 978-2-88931- 480-5 (在线版本)
ISBN 978-2-88931- 481-2 (印刷版本)
© 2022: 全球伦理网 Globethics.net

编辑管理: 伊尼亚斯 哈茨 Ignace Haaz
助理编辑：雅各布·布尔曼 Jakob W. Bühlmann
翻译：Translation: 蒋经飞先生 Jiang Jingfei
翻译监督: Supervisor: 鄭志堅先生 Chee Chian Cheng
主要赞助者: 瑞中法律协会 (SCLA), 水伦理研究会(W4W), 马塞尔·海德
Main sponsors: Swiss-Chinese Law Association (SCLA), Association Workshop
for Water Ethics (W4W), Marcel Heider

全球伦理网总部
150 route de Ferney
1211 Geneva 2, Switzerland
网址: *www.globethics.net*
邮箱: *publications@globethics.net*

All web links in this text have been verified as of July 2022.
本书可免费下载，印刷版本可从 www.globethics.net/publications 订购，同时提供英文版。

特别致谢

蓝色伦理 英文版、法文版和西班牙文版出版发布之后，水伦理研究会（W4W）创始人很荣幸编辑出版了本书的中文版。

水伦理协会感谢瑞中法律协会创始人张天泽先生，他协助我们寻找到了译者，开启了此次非凡的编辑出版之旅。我们感谢在深圳的译者蒋经飞先生和新加坡的翻译校对郑志坚先生，他们的跨境译校合作让本书中文版终得付梓。

Special acknowledgment

After having issued *Blue Ethics* in English, French and Spanish, the founders of the association Workshop for Water Ethics (W4W) are pleased to edit this book in Chinese.

This exceptional journey was only made possible thank to the support of Mr. Tianze Zhang, director of the Swiss-Chinese Law Association (SCLA) who established the contact with the translator. The Association W4W thanks Mr. Jiang Jingfei in Shanghai for the translation, as well as Mr. Chee Chian Cheng in Singapore for the supervision. The supervision of the *Principles and Guidelines* was made with thanks by Mr. Hui Yeow Goh in Singapore. This excellent collaboration across the borders has made this project a reality.

前言

与其他有关水的著作相比，《蓝色伦理》是一本与众不同的书。首先是本书的内容，在讨论的主题方面，极具多样性。其内容涵盖，妇女在水压力成为威胁之地发声的重要性以及其他重要专题，诸如食物链中的塑料污染、塑料微粒对水生生物的影响、水作为一种人权、创新金融模式而推动获得饮用水和公共卫生设施、水冲突、法律和经济视角、享有食物和水的权利、跨界含水层的管理、修筑水坝的社会成本。另外，还有一系列关于伦理视角的文章，包括全球水伦理和正义。这些内容将使得读者们从一个卓越的角度审视世界所面临水问题和挑战的复杂性和多样性。

本书的第二个出色的方面是其涉及广阔的地理范围。在最终的分析之中，所有水问题均具有"地方性"，而其解决方案也必须具有"地方性"。问题和解决方案必然需要特别考虑地方的物质、气候、经济、社会、文化、政治和习俗情况。本书的主要重点在于发展中国家，某一国家的解决方案可能不适用于另一个国家。而诸如巴西、中国、印度、马来西亚或印度尼西亚等大中型国家，同一国家某些地方行之有效的解决方案，在另一些地方却不起作用。本书的一个亮点在于其讨论了非洲、亚洲和拉丁美洲特定国家的水问题。纵然欧洲发达国家和新加坡积累了经验，也需进行相应的调整，从而满足当地的情况。

本书的第三个亮点是每篇文章篇幅不长。因而可以迅速地一般性了解世界许多地方相当迥异的水问题。如果想要知道更多情况，则可以参考单篇文章引用的参考文献。

本书第四个亮点，也是最引人瞩目的部分是水的可利用性、利用和管理的伦理视角，包括全球正义和伦理，例如享有水和食物的权利。在绝大多数与水相关的著作之中，几乎很少讨论这些问题。

本书共有六大章节，每一章包含 2 至 7 篇文章。关于伦理视角的这一章，内容最多，共有 7 篇文章。此外，其他几章还有关于全球水正义和水资源人权的法律和经济视角方面的文章。

本书用了两章内容讨论了新加坡在提供清洁和可饮用城市水资源管理的成功经验，以及他们在废水和雨水管理方面相当成功的经验，我们看来这是正确之举。1965 年，新加坡独立，其城市用水和废水管理处于诸如德里（Delhi）或达卡（Dhaka）等其他亚洲城市类似的水平。在大约二十年时间里，新加坡采用了开明政策，实施了优秀、高效和公正的城市用水和废水管理，从而成为了世界的典型榜样。 尽管根据联合国各机构、世界银行、亚洲开发银行、世界资源研究所（WRI）和一般性水行业的标准分类，新加坡"应该"正处于严重缺水的状态。根据各机构的通用分类，可再生供水量低于每人每年 500 立方米的国家属于缺水国家，因而，亚洲开发银行、联合国系统和世界资源研究所确定新加坡为一个"严重缺水国家"，为此，新加坡政府表现出了相当强烈的反应。新加坡质疑这些机构的认定，要求他们询问任何或所有新加坡人，他们是否在最近数十年来感受到了用水压力。如果这些机构这么做了，新加坡人将反对新加坡正在成为严重缺水国家的假设和结论。

事实上，水是一种可再生资源。水与石油、天然气或煤炭不同，后者在使用时，则分解成各个部分，而无法再予利用。相反，水是一种可再生资源。用水之后，可以适当处理产生的废水，而处理过的废水可以重新利用。如果管理良好，此种利用的循环可以无限持续下去。新加坡的可再生用水量低于每人每年 130 立方米。在长远规划和良好管理之下，这个城市国家现在不用担心用水压力，在 2061 年之前也不会面临任何问题，而到了 2061 年，用水需求将会翻番。这一年，新加坡与马来西亚的供水协议也将到期。目前，马来西亚向新加坡提供了 50%以上的用水需求。随着人均生活用水持续减少、工业用水越来越高效、雨水收集越来越多，重新利用了适当处理的废水以及实施海水淡化，新加坡现在并没有面临用水压力。预计在未来 50 年里不会缺水。这还没有考虑未来数十年里科学、 技术和管理实践的进步，但这些进步的影响可能极具重要意义。

新加坡的可利用水量如此之少，何以实现如此重大之成就？首先是得到了最高层政策制定者有力和持续的支持。新加坡的首任总理李光耀（Lee Kuan Yew）意识到，如果新国家要生存和发展，必须确保长期的用水安全。他告诉我们，"每一项政策都必须把水奉为至高准则。"李光耀的办公室有三位专家负责判定所有政策对于用水之影响。如果没有影响，以及具有积极影响，那么才能执行该项政策。在近三十年里，他是新加坡最有影响力的领导人，用水成为优先的政治考量。

然而，在世界其他地方，高层政治领导人并没有持续性关注于水。只有当发生严重洪灾或干旱时，他们才会关注水。这些极端水文事件结束之后，他们对于水的关注也就消散了！

但是，只有存在长期而持续的政治承诺，才能解决世界的水问题。而只有短期和临时措施，则无法解决世界的水问题。

在李光耀的领导之下，新加坡决定，其应向每个人提供清洁用水，而无论贫富。供水应平等、可以负担和高效。因此，新加坡与南非、印度和其他发展中国家及发达国家不一样，其没有采用免费或补贴用水政策。每个人必须支付按边际成本确定的水价。新加坡公用事业局是新加坡的国家水务机构，其必须收回提供水和废水服务的全部成本，包括所有投资、运营和维护成本。

对于贫困家庭，他们会得到票券。其金额则根据他们的经济状况和家庭成员数量而定。这些票券可以用于支付他们的用水和用电账单。其由另一个部门发放。 这意味着新加坡公用事业局向所有贫困或富裕的家庭收取全部用水账单。正如李光耀向我们解释的那样，新加坡公用事业局的任务是运行一个高效的供水和废水系统，这在长期来看，具有财政上的可行性。与此相同，政府的任务是确保贫困家庭以其可以负担的价格获得水和电。

新加坡公用事业局也有一个强大的研发部门，由其消费者支付费用。其不断改进管理实践，考虑应用和采用新技术。因此，新加坡的供水边际成本实际上逐步下降。由于成本降低，新加坡的水价在 2000 年至 2016 年间保持不变。在 2017 年和 2018 年，水价每年增加了 15%。即使水价上涨之后，新加坡家庭在 2019 年一般支出的水费占收入的比例低于 2000 年。如果水费账单考虑通货膨胀，用水量相同的情况下，当前家庭支付的账单金额低于 2000 年。

新加坡水发展之旅及其持续性的成功，表明各个国家和各个城市，不必遵循传统实践，也可以解决水和废水管理问题。 免费用水和补贴用水势必导致水的浪费。随着人口的增长，城市化和工业化，发展中国家需要 7X24 全天候提供清洁用水，可以通过水龙头直接饮用，而无需担心健康问题。然而，当前的试验性补贴用水和免费用水实践无法实现这一个目标。本书准确地注意到，水或食物的人权并不意味着人们应免费获得水或食物。各个家庭必须为高效和可以负担的水和废水服务支付费用。此外，还应确保贫困人群充分获得这些重要服务。必须重新制定政策，确保水务公用事业在经济上可行，并以可以负担的价格提供良好的服务。新加坡的经验表明，如果给予持续性的政治关注和鼓励，实施良好和开明的政策，从长期来看，发展中国家和发达国家的家庭和工业用水问题可以得到解决。

阿西特·K. 比斯瓦斯
（Asit K. Biswas）
英国格拉斯哥大学杰出访问学者
新加坡水管理国际有限公司董事长

塞西尔·托塔哈达
（Cecilia Tortajada）
新加坡国立大学李光耀公共政策学院水政策研究所高级研究员

导言

水伦理研究会概述

"水伦理研究会（W4W）"于 2010 年在日内瓦成立，集结了若干专业领域的若干人士，全部人员都关注以负责任和可持续性的方式管理水资源的至关重要性。水伦理研究会明确主张跨学科方法的必要性，运用法律、经济、科学、社会学和哲学领域的方法，以及采用伦理视角。水伦理研究会是促进反思的一个机构，邀请公共和私营领域的专家，密切关注各类视角和分析方法如何推动田野项目的发展。本机构也是国际网络和关心相同问题的机构之间的联系桥梁。

2011 年至 2018 年间，水伦理研究会已经在日内瓦科学史博物馆组织了五次跨学科研讨会，议题分别如下：

- 2011 年：《水太多，还是不够。我们如何明智地使用此种不可预测的重要资源？》

- 2012 年：《水，至关重要的需求和全球正义》

- 2013 年：《全球水伦理》

- 2017 年：《塑料泛滥的海洋：谬论或真相？》

- 2018 年：《教育、性别伙伴关系、金融：抗击水压力的决定性因素》

水伦理研究会创始成员的组成呈现出了背景、经验、出身、兴趣和性别方面的多样性。

埃弗莉娜·菲克特-维德曼是一名律师，也是水伦理研究会的创始人。执行委员会委员有生物学家安妮·巴莱（Annie Balet）、考古学家和博物馆经理洛朗斯-伊莎琳·斯塔尔·格雷奇（Laurence Isaline Stahl Gretsch）、会议经理和淡盐水转化为饮用水项目的发起人勒诺·德·瓦特维尔（Renaud de Watteville）、前外交官和讲师伯努瓦·吉拉尔丹（Benoît Girardin）、日内瓦公共交通系统的前董事及工程师克里斯托夫·斯图基（Christoph Stucki）和希腊神学家和顾问加里·瓦奇库拉斯（Gary Vachicouras）。

受邀参加研讨会的嘉宾来自于多个不同专业领域和地理区域。而且适当关注了田野经验以及参与者记录的具体项目。

本书收录的论文从这些研讨会期间的演示文稿中精选出来，有的是法文，有的是英文，还有 2018 年新加坡国际水周上的一篇演示文稿。精选的论文考虑了其与伦理问题的紧密联系，这些论文论述了背景和现今挑战，阐释了合乎或强调伦理相关问题的重要概念。法文论文由日内瓦的马克·伍德沃德公司翻译成了英文。有一些论文进行了删减或细微修改。同时增加了一篇论文论述若干地点的水成本问题。

本书尊重了学科间的领域，这是水伦理研究会的重要标志。

在伯努瓦·吉拉尔丹的编辑指导之下，最近编撰完成了一篇综合性文件，遵循本书各章及各主题的类似思路，总结了伦理挑战和视角。该文件已经提交全球伦理网进一步审议，申请获得批准。该文件呈交全球伦理网的合作伙伴审阅，根据反馈的意见，予以了进一步优化。全球伦理网批准该文件，并以《原则和准则》为名发布，可以参见 www.globethics.net/water-ethics-principles-and-guidelines.

水伦理研究会是根据《瑞士民法典》设立的一个社团。

埃弗莉娜·菲克特-维德曼

水伦理研究会主席

Evelyne Fiechter-Widemann, W4W President

伯努瓦·吉拉尔丹

水伦理研究会副主席

Benoît Girardin, Vice-President

水问题初探

1

当前的水问题：挑战、案例和试行的解决方案

水资源压力是一种威胁之地，女性声音的重要性：津巴布韦、南非和新加坡的观察

埃弗莉娜·菲克特-维德曼 (Evelyne Fiechter-Widemann)

序言

1992 年的《水与可持续性发展问题都柏林声明》原则 3 专为妇女而设，其内容如下：

在水的提供、管理和保障方面，妇女发挥了核心作用。妇女作为水的提供者和使用者，以及生活环境的卫士，从而发挥的这种重要作用，很少反映在水资源发展和管理的制度安排之中。本原则受到认可和执行，要求制定积极政策解决妇女的特殊需求，赋予妇女权力，参与各个层次的水资源管理，包括以她们规定的方式参考决策和执行。

在二十五年里，成就几何？可以说是微不足道。为了推动议程之进展，我们的水伦理智库"水伦理研究会"建议，关注教育、性别合作和探寻适当的金融模式。

水伦理研究会第五次研讨会的介绍将分为两个部分。在定义"水压力"的含义之后，我将通过在津巴布韦、南非和新加坡的亲身观察，论证这一概念如何适用于本领域。我的目标是理论与现实相结合。

水压力，一个全新的概念

水压力是一个经济指标，由瑞典人马林·法尔肯马克（Malin Falkenmark）首先提出，她的科学研究特别聚集于水的团结互助和水的弹性，从而使这一概念闻名于世。她试图定量确定一种可接受生活所需的用水量。当可用水量低于所需之量，或者供水未能满足需求，则会产生水压力。以下表格说明了缺水的三种程度：

水压力	缺水	严重缺水
某一国家的年人均可用水量低于 1,700 m^3	年人均可用水量低于 1,000 m^3	年人均可用水量低于 500 m^3
日人均可用水量 4,600 升	日人均可用水量 2,700 升	日人均可用水量 1,400 升

我需要强调的是，本表所称的可用水量是指实际用水量的概念。除了饮用水，这一概念包括个人护理用水、烹饪用水（约 150 至 200 升）和制作食物和衣物用水，大约为 4,400 升。

根据我们的伦理思考，水伦理研究会假设缺水不可避免。水是一种自然现象，尤为重要的是，水还是一种人类现象，因此也是一种社会现象：资源的良好管理。

在案例研究部分，尤其是非洲和亚洲的案例，事实性论述将支持上述思考。

津巴布韦、南非和新加坡的观察

为了更好地理解上表所述的缺水等级程度，我选择实地探访这三个国家。津巴布韦面临了水压力，南非属于水短缺或缺水国家，而新加坡则是严重缺水国家。

2011 年的津巴布韦，在罗伯特·穆加贝（Robert Mugabe）独裁政权的安排之下，我见到了津巴布韦的妇女，她们在一天的大多数时间里都奔波取水。津巴布韦的新领导人埃默森·姆南加古瓦（Emmerson Mnangagwa）是否可以扭转形势，在获得水资源方面发挥关键作用？只有时间才可以回答这个问题，特别是明年夏天，津巴布韦将在国际的严密监督之下举行选举。与此同时，妇女将继续行走数公里，以满足家庭的用水需求。

在南非，我观察到，并不是所有地区都能共享国家的繁荣。在我到访的林波波（Limpopo）地区，妇女所面临的境况并没有比津巴布韦妇女好到哪里去。另一方面，与津巴布韦不同，南非存在实现更好发展的条件。南非宪法规定的妇女权利也更好。

由于新加坡没有足够的淡水供给其 550 万居民，其是一个面临严重水压力的国家。新加坡必须探索非传统水源，诸如淡化水或将废水转化为新生水。如果可以开发这些创新性水资源，则应感谢新技术，尤其是逆向渗透技术，用水基金（Access to Water foundation）将会在下午讨论这个问题。

我高兴地注意到，在对抗严重缺水方面，三位女性为新加坡的福祉作出了贡献，华裔林爱莲（Olivia Lum）、美国裔胡安·罗斯（Juan Rose）和墨西哥裔塞西尔·托塔哈达。林爱莲创立了凯发集团（Hyflux），这家公司经营了水处理厂。胡安·罗斯在新加坡生活了 17 年，推动了新生水的发展。塞西尔·托塔哈达与其他两位作者在 2013 年出版了《新加坡水的故事》（Singapore Water Story），论述了新加坡在为所有人提供饮用水方面令人难以置信的弹性。诚然，生活在高脚小屋的村民们没有用水设施或厕所，这样的高脚小屋在距离新加坡数公里的马来西亚仍能看到，这些村民移居到了低收入住房，即所谓的新加坡组屋（HDB），但他们在新房里可以得到自来水和享用厕所设施。我们正在谈论的是拓荒一代，他们得到了新加坡现在居民的广泛尊重和敬佩，也得到了社会援助项目的支持。

结论

在得出结论之前，并期待两位瑞士银行家创立的非政府组织儿童梦想（Child's Dream）在下午结束时候的演讲，我想说一下慈善事业，在我去年出版的《水的人权：正义或是伪善？》（The Human Right to Water: Justice or…Sham?），用了一章的篇幅论述了这个问题。

在该书之中，我指出，尽管对于掌握重要经济资源之人存在仇恨之情，但是通过自己努力获得经济资源的某些人已经选择与最弱势之人共享财富。例如银行家连瀛洲（Lien Ying Chow）在新加坡创立了连氏基金会，其现今关注于三个领域，即弱势儿童的教育、水问题和老者照护。他的华裔遗孀摘录了路加《福音书》（12:48）的一句经文载于连氏基金会的网站之上：谁被赐予的多，将来向谁索取的也多；托给谁多，将来向谁要求的也更多。

2

撒哈拉沙漠以南非洲的水压力：妇女和健康面临何种挑战？

安妮·巴莱 (Annie Balet)

在撒哈拉沙漠以南非洲的许多国家，妇女每天长时间工作，而为其家族和家庭提供用水。[1]她们从池塘、死水和河流取水，且不经处理。然而，在许多国家，诸如马里，将近 10%的人口不能使用厕所，户外排便乃是一种普遍行为。病患排泄物中的病菌污染了水、手、土壤和食物，保持了诸如痢疾和肠道蠕虫等疾病的循环。此外，排泄物会吸引苍蝇，从而传播病菌，如果饮用水未受保护，也会受到污染。在这些境况之下，妇女成为了水压力的即时受害者，也是病原体的传播根源，从而导致了贫困的恶性循环。2017年，世界卫生组织（WHO）估计，仅仅缺乏饮用水和卫生设施，就

---

[1] 巴安妮·巴莱是黎第十一大学奥赛理学院生理生态学博士，她致力于应对环境变化的新陈代谢和植物超微结构研究。她随后在中学任教生物学，提高学生对环境和人道问题的认识。她协助组织了为期一个星期的可持续发展非正式研讨会。

导致了影响发展中国家的 80%疾病。撒哈拉沙漠以南非洲的流行性水传播疾病患病率相当之高。[2]因此，妇女和儿童感染痢疾的频率最高，这是五岁以下儿童的第二大死因；还有血吸虫病，这是继疟疾之后的第二大流行性寄生性疾病；最后是颗粒性结膜炎，这是感染性致盲的主要病因。性别不平等的另一种形式是母婴的患病率与死亡率仍然相当之高，这与分娩时缺乏无菌或抗菌环境相关。

此外，由于偏远地区在健康设施得到护理可得性和质量不高，难以理解预防性护理资讯，而致常规医学无法打破水压力相关疾病的循环。为了解决健康问题，绝大多数人利用传统医学，因为这在文化上更容易接受，花费更低，而且每个村庄至少存在一个传统医学的治愈者。传统医学的争论持续了数年之久，但是，世界卫生组织在 1978 年发布了《阿拉木图宣言》（Declaration of Alma-Ata），恢复了传统医学，该宣言倡导使用传统技能和知识作为主要医疗手段。该宣言也增加了对世界卫生组织和非洲联盟各国家元首优先应用传统医学的希望。[3]然而，传统医学是否安全？传统医学作为主要医疗手段是否满足期望的质量和有效性标准？如果常规医学关注于疾病的生物医学原因，而传统医学相信采用一种经验和

---

[2] 一种流行性疾病持续存在于一个既定地区的人群之中。这是由于这个地区存在病菌库，可使病菌增殖和感染人类。

[3] 非洲联盟各国家元首发布了《传统医学十年发展宣言（2001-2011）》。自此以后，世界卫生组织正式确定每年的 8 月 31 日为非洲传统医学日。

整体性方法，两种医学是否存在融合的可能性？面对此种医学多元性，如何解决水相关的疾病？传统知识的地位如何？其有何贡献？

让我们首先讨论常规医学如何治疗水相关疾病。根据生物医学，痢疾症状是由诸如病毒、肠道菌或原生生物等各类微生物引发的肠道感染症状。通过被污染的水或食物传播感染，或者说，如果卫生状况恶劣，也会从一个人传播到另一个人。但是，提供饮用水和洗水，可以防止四分之三的此类感染。口服或静脉输液治疗防止严重脱水和水损失，这在过去会导致死亡。由于缺乏抗生素和疫苗，细菌感染的败血症是现在致死的主要原因。在低收入地区，五岁以下儿童每年会得几次痢疾。每一次患病，都让他们丧失了成长所需的营养。因此，痢疾是威胁生命的营养不良和抑制免疫反应之主要原因。

血吸虫病也称之为裂体虫病，其是由血吸虫寄生虫引发的虫媒寄生疾病。尽管发病率在下降，但是这种慢性疾病影响了没有水和卫生设施的贫困人群，特别是在死水洗衣的妇女以及陪同玩耍的儿童。该病会导致成人残疾，引起儿童发育不良。当血吸虫幼虫（称为尾蚴）滋生于水蜗牛之中，并进入人的皮肤，则会发生感染。在人体之内，成年血吸虫寄生于消化道或尿道上进行繁殖。被感染的人通过排便排出虫卵，反过来又感染水蜗牛。蜗牛又将第二代尾蚴排入水中。一个剂量的吡喹酮就可以减少感染率，但是无法防止重复感染，应定期大剂量使用。除了建造厕所，打破血吸虫循环的另一种方法是使用合成螺剂消灭蜗牛，但是合成螺剂对鱼类较为危险，或者是清除皂素和丹宁酸含量丰富的原生植物提取物，这对环境的损害更小。

在马里，水源的距离与一至九岁儿童流行的颗粒性结膜炎之间存在线性关系。如果家屋院子里有一口水井，该病的流行率较低。但是如果必须行走 30 分钟以上才能到达水源，那么这就是一个严重的风险因素。因重复感染而引起的颗粒性结膜炎，其本身是一种眼睑慢性炎症，会导致睫毛向内摩擦眼睛，从而最终致盲。接触脏手、脏衣服和带菌苍蝇可以传播沙眼衣原体。局部和口服抗生素治疗并不能防止重复感染。颗粒性结膜炎的后遗症，诸如角膜混浊在妇女中更为常见，这是因为她们照顾儿童，而儿童是一个疾病的储存器。在这种疾病的晚期，可进行外科手术防止致盲。预防措施是洗脸、在合理的距离之内提供饮用水，以及修建密闭厕所防止苍蝇增殖。

超过一半的孕产妇死亡发生在撒哈拉沙漠以南非洲，特别是农村人群之中。绝大多数死亡是由于治疗不充分，治疗不及时，或者没有治疗。孕产妇死亡率的主要原因[4]是怀孕和肠道寄生虫导致感

---

[4] 孕产妇死亡率是指妊娠期间和分娩 42 天内死亡的妇女数量与婴儿安全出生数量之间的比率。

染性痢疾疾病恶化。钩虫[5]可引起孕期妇女严重贫血，导致低出生体重和早产，这都会危及婴儿的生命安全。妇女在分娩时的一个并发症是，由于从儿童时期就需要长距离载重背水，而致骨盆变形。分娩期间的卫生状况严重恶劣，这更是雪上加霜。根据世界卫生组织的数据（2017 年），38%的健康设施中没有水，19%没有卫生设备，35%没有肥皂和水用于洗手。在此情况之下，由于母亲面临产后感染的风险，由此导致的死亡占所有孕产妇死亡人数的 15%，而且对于新生儿而言，通常存在感染诸如新生儿破伤风或败血症等致命疾病的高度风险。

现在让我们讨论传统医学如何治疗疾病。传统医学是指"用于身体、精神、社会或精神失衡的诊断、预防和消除，以及基于某一社区的社会文化和宗教基础以及代代口头或书面相传的实践经验和观察的所有知识和实践的总和，无论是否可以理解。"（Koumaré）因此，传统医学从业者的行为范围并不限于严格意义上的疾病。传统行医者是运用草药潜力的继承人，也实施整体治疗方案。

植物化学的研究已经表明，猴面包树（Adansonia digitata）果实的果肉，通常用于痢疾的自我药疗，其富含电解质，与口服补液盐具有同等效果。用于婴儿营养不良治疗的辣木叶粉富含矿物

---

[5] 肠寄生虫由两种小蛔虫（线虫）引起的，即污染土壤的美洲钩虫和十二指肠钩虫。因光脚行走而接触被粪便污染的土壤，或者误食被污染的土壤颗粒而传播此种疾病。

质、维生素和蛋白质。其均含有人类必需的氨基酸。而且，辣木籽作为天然絮凝剂清洁混浊水，与硫酸铝不同，其具有生物降解性。其也具有轻微抗菌效果，可以消除原虫囊包。

马里是这一领域的开拓者，在国家公共卫生研究所之下设立了巴马科（Bamako）传统医学部（DMT），于 1968 年制定政策推动传统医学的发展。与传统行医者合作，传统医学部改进了传统医学，获得了市场许可。由于传统医学药典上的药品经过了科学检验，证明了其安全性和功效性，并监管了生产质量，因而，其也得到了改进。众多研究证明，飞扬草提取物无毒，可降低肠动力和杀死变形虫。药店也出售抗痢疾药 DYSENTERAL，这是由飞扬草制成的茶剂，用于治疗痢疾和阿米巴痢疾，价格也可以令人承受。在塞内加尔（Senegal），抗痢疾药 Mbal-Tisane 也是由飞扬草制成，一家私人实验室开发，获得了市场许可。

传统行医者融合进入常规医疗体系的工作，进展甚微，而且需要更长的时间，因为这需要跨文化对话和更深入地合作。传统医学的从业者在他们所在的社区享有较高的信赖度以及崇高的尊敬，如果他们得到良好的训练，可以通过诊断以及将严重临床病例转至主流医疗系统，则会避免延误。例如，传统医学的从业者具有自己的诊断标准：*"红眼病不会分泌脓；睫毛掉落或发痒，则意味着病程进入更晚期。"*

在非洲，清洗属于妇女的工作，她们负责个人清洁、准备食物、照护儿童和病患，打扫房屋和院子。尽管传统行医者不认可细菌的概念，但他们得到卫生方面的培训，告诉他们医学卫生概念与清洁完全不同。根据联合国艾滋病规划署（UNAIDS）的研究表明，由于他们比其他健康专家更受尊重，可以成为推广卫生措施的优秀使者，例如洗手和水管理，从而防止病菌的扩散。而且，如果传统接生人员采用这些卫生措施，则将特别重要和有效。

在偏远地区，传统接生人员参与了四分之三的分娩活动。在这些村子里，他们是在妊娠、出生和产后期间提供医疗服务的唯一人员。而且，人们传统上也依赖他们。R.萨诺戈（R. Sanogo）和 S.贾尼（S. Giani）已在马里建立了一个沟通和跨文化项目，推动传统接生人员的发展。这些传统接生人员学习了抗菌和无菌、脐带护理、需要转院孕妇的妊娠并发症早期诊断基础知识以及基本卫生规则。这个项目有效降低了围产期破伤风和产后新生死亡的发生率，鼓励免疫和出生登记。

水相关流行疾病尤其影响妇女的生活质量，在每次怀孕时都深具危险。只有所有人获得安全饮用水、公共卫生和卫生教育，才能永远根除这些危险。为了提高初级医疗的覆盖率，通过推广当地人非常钟爱的传统医学，从而弥补常规医学的功能性和结构性不足。促进两类医学之间的对话，认识到传统医学和生物医学之间结合可能性，推动传统医学的现代化，这非常重要。必须改善监管、规制、分类和标准化，从而提供有效、安全、高质量的医护。传统行医者是有价值的预防性和初级医疗本地服务者。传统药典提供了一种研究途径，可以生产药品替代进口药品。这种民族医学可以低收入人群负担得起，有助于增强撒哈拉沙漠以南非洲国家的文化和天然财富以及自主权。

参考文献

Diallo D., Koumaré M., Traore A.K., Sanago R, Coulibaly D.:« Collaboration entre tradipraticiens et médecins conventionnels: l'expérience malienne ». *Observatoire de la santé en Afrique* : Janvier-juin 2003 [Cooperation between traditional and conventional doctors: the Malian experience]

Eklu Natey R.& Balet A.: 2012 *Dictionnaire et monographies multilingues du potentiel médicinal des plantes africaines -Afrique de l'Ouest* Edition en bas, Lausanne [Multilingual Dictionary and Monographs of the Medicinal Potential of African Plants - West Africa] -

Koumaré M. & Diallo D.: « Place de la médecine traditionnelle pour une prise en charge efficace du patient au Mali. » *Symposium Malien sur les Sciences Appliquées* : 2010 [Traditional medicine' place for an efficient care of patients in Mali]

Poda J-N., Gagliardi R., Kam F. O., Niameogo A. T. « La perception des populations des maladies diarrhéiques au Burkina Faso : une piste pour l'éducation aux problèmes de santé ». *Santé et environnement* Vol. 4 (1), 2003 [Perception of diarrhoeal diseases by populations in Burkina Faso : a track for health education]

Sanogo R. et Giani S. : « Valorisation du rôle des accoucheuses traditionnelles dans la prise en charge des urgences obstétricales au Mali ». *Ethnopharmacologia*, n° 43, juillet 2009 [Enhancing the role of traditional birth attendants in the management of obstetric emergencies in Mali]

Willcox, M., Sanogo, R., Diakite, C., Giani, S., Paulsen, B.S. and Diallo, D., 2012. Improved traditional medicines in Mali. *The Journal of Alternative and Complementary Medicine*, 18(3), pp. 212-220.

WHO: Diarrhoeal disease. 2 may 2017 Willcox M., Sanogo R., Diakite C., Giani S., Paulsen B.S., and Diallo D.: Improved Traditional Medicines in Mali. *J Altern Complement Med.* 2012 Mar; 18(3): 212 - 220.

MacDonald, V., Banke, K. and Rakotonirina, N., 2010. "A publicprivate partnership for the introduction of zinc for diarrhea treatment in

Benin results and lessons learned". *Country Brief. Bethesda, MD: Abt Associates.*

3

水挑战需要动员包括私营领域在内的社会所有领域吗？

弗朗索瓦·明格（François Münger）

全球水危机

现在我们处于新千年期之初，水是至关重要的战略性问题，但这并不是一个新的问题。水是人类的共同利益，塑造了过去的历史，也将影响我们的未来。[6]

饮用水、公共卫生和粮食生产用水均甚为重要。我们给自然界留下足够的水，用以维持生态系统，这也极其重要，我们可以获得生态系统的有益回报。水也是工业和能源生产的核心要素。

---

[6] 弗朗索瓦·明格（François Münger）持有洛桑大学地球物理和矿物学硕士学位、纳沙泰尔大学水文地质学硕士学位和瑞士联邦技术学院–EPFL 环境工程和生物技术学硕士学位。他出任过瑞士发展合作部（SDC）中美洲水项目负责人，尔后出任水倡议计划负责人。他在世界银行担任高级水专家。2015 年，他负责运营日内瓦水中心，这是一个有关防止水冲突的咨询机构和智库，2017 年，这个机构并入了日内瓦大学。

水行业正在面临史无前例的变革。在二十世纪，世界人口增加了三倍，而在同一时期，耗水量增加了六倍。最为重要的变化是公共卫生。全球耗水分布如下，农业 70%、工业 20%人类需求 10%。在世界范围内，只有二分之一的人才能获得水。我们必须实现综合水资源管理（人类、工业、农业和自然界）。

气候变化也使得水问题复杂化。除此之外，则是水质量的降低：每一天，200 万公吨的未处理废水被排入世界上的含水层和地表水。

全球水危机的威胁是现实存在的。其存在不同的表述方式：

- 饮用水和公共卫生困境：大约 10 亿人仍然无法获得饮用水，26 亿人没有公共卫生设施。只有二分之一的人在家里才有自来水。

- 水危机的另一种表述方式是，存在缺水之风险及其对于农业生产的影响。2030 年，农业将需要增加 50%的产量；农业在当前已经消耗了 70%的淡水用量。如果不纠正用水方式，而实现节约用水，据估计，到 2030 年，世界上的一半人口将生活在用水需求超过可用水资源的地区。

所用的综合水资源管理概念是指：特定量的水被分配而满足四类主要使用范围的需求：

- 家庭用水

- 农业用水

- 工业用水

- 自然用水

这四类用水竞争有限的资源，在其政治和经济权重方面，存在着不平等。有人可以举出自然用水的例子，与其比较农业或工业用水的经济和政治权重。在决策制定者如何考虑城乡地区以及贫富人群的利益方面，也存在严重的不公平性。

获得饮用水和公共卫生设施被认可为一项人类权利，从而确立其了地位，也得到了特别和必要的权重。这种认可也超越了 2000 年的千年发展目标，而且其强调了某些新的价值观，诸如水质量和服务质量、可用性和可负担程度，从而符合了 2015 年的可持续性发展目标（目标 6）。

但是，对于此种用水权也存在误解，特别是参与相关饮用水服务和公共卫生且以利润为导向的私营领域。

公私合作

即使如此，公私合作（PPP）仍然是一个选择方案。他们可以向城市环境、偏远地区和小城镇派出技术专家和管理人员。增强这方面的能力，对于地方当局尤为重要，在分权体制之下，地方当局必须通常以相当有限的财政和人力资源满足庞大的服务需求。

这个问题的讨论太过于关注国际性公司，而忽视了国内私营公司和小型地方企业的重要性和发展潜力，例如，毛里塔尼亚（Mauritania）的小城镇或者玻利维亚（Bolivia）的 Plastiforte /Aguatuya 公司。目前，这种地方性私人公司通常是确保城市贫困地区获得最低服务的唯一参与方。

几年之前，瑞士发展与合作署（SDC）与瑞士联邦经济事务总局（SECO）及再保险公司瑞士再保险（SwissRe），进行了大量的国际对话，形成了实施此类项目的某些原则。

这些原则的构建围绕着核心价值观，特别是饮用水作为一项人类权利、全面尊重可持续发展、过程的公平合作和良好治理。这些准则的建构围绕十项重要原则，包括对贫困人口的责任、资源保护和透明。其并非构成推动服务私有化或国家退让的新自由主义主张。水不能按市场价格收费！

而且，民间社会的参与极其重要，特别是贫困人口的代表，其应作为合作者参与执行、支持和监督这些过程。

我们认为，以谨慎性、参与性和透明性的方法实施公私合作方案，则可以作出重要贡献，但这只是一个选择方案，选择实施这一方案，决不能成为金融机构施加的一个条件。

然而，如前所述，"水"的问题肯定不只是饮用水一个问题。

众所周知，制造一辆汽车需要消耗 400,000 升。这是"虚拟水"，也就是制造产品或提供服务所需的水量加上因此而产生的污染水。这种总耗水量是一个产品的水足迹，此乃相当较新的概念。

私营领域对于降低水足迹至关重要。为了实现这个目的，我们与雀巢（Nestlé）、先正达（Syngenta）、霍尔希姆（Holcim）等瑞士大型公司组成了某些合营企业，在南部国家尤为活跃。如此而为，可得之利益在于，我们不仅需要降低工厂的水足迹，也要降低他们供应商（农业、矿产等）的水足迹。例如，不能忽视的情况是，瑞士 80%的水足迹是在国外"产生"！

而且，国际标准化组织（ISO）正在引领进入饮用水管理服务标准化的新领域。这个组织的努力集中于供水管理、危机时的供水维持，以及配水网络的效率。从全球而言，瑞士是国际标准化组织关于水足迹新国际标准方面的背后推动力量。

有些参与者甚至建议培育类似于碳补偿的水补偿市场，尽管在原则上而言，这可能不一定是好的想法，但仍然必须分析其与动员水资金的现实相关性。

另一个方面是绿色技术，现在谈的比较多，可以积极影响和推动诸如贫困战争等根本事业。贫穷国家下在创立众多管理绿色技术的初创公司，其需要得到支持。

瑞士和世界的一些初创公司和中小型公司正在致力于应对水挑战的技术发展，其明确的愿望是帮助发展中和新兴国家社会金字塔底层人群，而这些国家同时应对环境负责。[7]

从这个意义上来说，近年来，在防水薄膜的可靠性和降本方面，已经取得了重大技术进步。这是改进和扩大水处理能力的良机。

这些勇敢的初创公司面临严重的具体挑战。除了技术方面，还有一个稳固的商业模式，提供设备运营和维护，并将水生产限定于本地价格范围之内。我认为必须支持这些行为。

参考文献

Donor Committee for Enterprise Development 2013 *Donor Partnerships with Business for Private Sector Development What can we Learn from Experience?* https://www.enterprisedevelopment.org/wp-content/uploads/DCEDWorkingPaper_Partnershipsfor PSDLearningFromExperience_26Mar2013.pdf

---

[7] 参见《2013 年瑞士发展与合作署公私发展合作评估》环境友好核心商业行为合营公司清单。

Edelenbos, Jurian, and Ingmar van Meerkerk, eds., 2016 *Critical reflections on interactive governance: Self-organization and participation in public governance.* Edward Elgar Publishing.

Heinrich Melina 2013 *Evaluation Stocktaking Assessment of Public Private Development Partnership of SDC:* Cambridge UK: https://www.newsd.admin.ch/newsd/NSBExterneStudien/337/attachment/en/1247.pdf

Swiss Water Partnership: https://www.swisswaterpartnership.ch/

UN Global Compact: https://www.unglobalcompact.org; see in particular its Ten Principles and Management Model.

4

水、重要需求和全球正义：一个法律视角

洛朗斯·布瓦松·德·沙祖尔内
（Laurence Boisson de Chazournes）

2010 年，联合国大会和人权理事会注意到，需要认可和保护获得饮用水和公共卫生设施的权利。[8]尽管每一项决议得到通过的理由可能各不相同，但既定的目标是为每一个人提供饮用水和公共卫生系统。

联合国大会和人权理事会通过的这些决议，传达了一个有力的政治讯息，也就是这一权利至关重要。其某些法律要件得到了一些国际文件的认可，其他国际文件也有所暗示。例如，根据《经济、社会和文化权利国际公约》关于水相关权利的论述，这一权利源自于体面生活之权利。上述联合国决议使得水相关权利有可能列入了政治事项清单，有助于其在国际议程之中有一席之地。人权理事

---

[8] 洛朗斯·布瓦松·德·沙祖尔内（Laurence Boisson de Chazournes）日内瓦大学法律系教授。她曾任世界银行法律部高级顾问（1995-1999），与其他国际组织合作。她是国际法、争议解决（国际法院、世界贸易组织和投资领域）及环境法的一名专家。她是众多国际环境法和水保护与管理特别相关的著作作者。

会的人权特别调查员所做之工作，则有助于重新确定这一权利的内容，并揭示出国际社会负责公共卫生和克服不平等方面存在的漏洞。

在国际人权法上推动水权利，有助于构建水获得相关的平等话语权。政府有责任实现这个目标。他们有义务尊重法律，并确保其管辖或监管之下的非政府实体也能尊重法律。因此，负责水分配的私营和公共实体均应遵守法律的规定，更为具体的是，应符合以下要求，也就在体面的社会和法律条件下向每个人提供相关服务。

获得、质量、可用和可负担成本均是行使水权利的条件。每个人都必须可以获得足够的水，用以满足他或她的个人需求。水的质量绝不能危及用水者的健康，而供水方式必须易于获得。行使水权利和提供服务所需的设施成本必定不能高得令人望而却步。实际上，鉴于相关人口的资源，成本应合理。

政府有义务确保每个人获得水，而不得排除因社会、经济或文化原因而被边缘化的人群。实际上，行使水权利必须满足平等和非歧视原则的要求，其要求通过前瞻性战略，旨在实现贫困和弱势人口的权利，从而行使水权利。在此方面，倡导水权利补充了与水和公共卫生相关的千年发展目标，号召以非歧视途径实现这一目标。

在国际层面，发展、援助和合作政策与这些雄心不可分割。不能获得水和公共卫生设施通常与贫困及社会或政治组织问题相关。

在公共援助和发展方面，推动法治应指导获得水和公共卫生设施领域的规范性、制度性和操作性活动。在此方面，推动人权有益于实现千年发展目标，而 2000 年为实现 2015 年目标而召开的联合国大会所产生的冲力也有利于实现人权。

人权可在国内和国际层面实现正义。他们应鼓励在这个领域实施国内和国际行动，并作为评估其益处的准绳。适用于公共和私营运营者的国内法律必须满足这些标准，特别是在普遍获得水方面，包括最弱势人群的水获得。除了合作和援助努力，国际组织实施各种活动，通过采用质量标准，确保重要的水生生态系统作为水资源予以保护，而且其运作不得妨碍饮用水权利的行使，这有助于丰富水和公共卫生权利的内容。

5

食物权和水权：面临相同的挑战吗？

克里斯蒂安·哈伯利（Christian Häberli）

水权，贸易与投资视角

我在世界贸易研究所的研究重点是粮食安全相关的贸易与投资规则。[9]与你们一道，我想要研究适用于食物权和水权的规则之相似性，在国内和国际人权法之中，两种权利均被视为神圣不可侵犯。

在关于贫困与贸易的《上帝，世界贸易组织与饥饿》（God, the WTO and Hunger）一章之中，我论证了人权和经济条约法之间存在的裂痕。我从一开始就分析了三种一神论宗教，即犹太教、基督教和伊斯兰教。这各种宗教均发源于美索不达米亚（Mesopotamia）和埃及（Egypt）之间的大河系统，长久以来，获

---

[9]克里斯蒂安·哈伯利（Christian Häberli）是伯尔尼大学世界贸易研究所的研究员，从贸易和投资角度研究食品安全，也是科学研究顾问，活动遍及欧洲、亚洲、非洲和美洲。由于他在国际劳工组织和瑞士政府的专业任职经历，从而出任世界贸易组织农业委员会主席，在约 20 起争端解决程序中担任专门小组成员。

得水一直是这片区域的焦点，此地之饥饿也是众所周知的现象，这是移民和外逃的原因。

这三种神学的共同之处在于分配正义的理念。这不是一种简单的仁爱，而是所有团契成员、教会成员，或者伊斯兰区成员的一种内在义务，犹太教和基督教的施舍，或者基于伊斯兰教法的天课，均是超越仁爱的义务，直接源自于上帝对人之爱及其要爱邻人的戒律。

令人感到兴趣的是，世界最早出现的宪法（1710 年的乌克兰、普鲁士 1794 年的普鲁士国家的一般邦法）在完全同等的前提之下认可了社会权利和义务。这一直延续至今，肯尼亚的新宪法确立了食物权，柬埔寨宪法确立了传统和公共的土地权，包括了用水权。

在联合国体系之内，关于贫困和饥饿，我们现在有了《经济、社会和文化权利国际公约》（ICESCR），于 1976 年生效，且源自于 1948 年的《世界人权宣言》。其第 11/2 条规定：

"本盟约缔约国既确认人人有免受饥饿之基本权利，应个别及经由国际合作，采取为下列目的所需之措施，包括特定方案在内，改进粮食生活、保贮及分配之方法，确保世界粮食供应按照需要，公平分配。"[10]

---

[10] 《经济、社会和文化权利国际公约》

布瓦松·德·沙祖尔内教授已经向我们展示了与水相关的联合国条约法。它们均是一样的吗？至少在表面看来，是一样的。但是，首先让我们来看看这些宏大的目标和语言如何翻译成国际经济法。我将首先讨论贸易规则，其次探讨适用于饥饿和粮食的投资规则，最后讨论水。我认为你们很容易理解我们与水的关系有多么密切，以及存在何种差异。

贸易规则和投资规则

关于贸易，我从世界贸易组织开始。

根据其序言所述，《世界贸易组织农业协定（AoA）》的目标是"建立一个公平的，以市场为导向的农产品贸易体制"，"应以公平的方式在所有成员之间做出改革计划的承诺，并注意到非贸易关注，包括粮食安全和保护环境的需要。"多哈回合的谈判也具有相同的目标（Häberli 2012）。

目前，可适用三个准则从根本上管治世界农业贸易（称之为《世界贸易组织农业协定》的"三个核心"），这是历史上的第一次：（1）具有价格支持作用的所有生产支持措施均得到限制；（2）出口补贴的历史额度和数量均予以削减且禁止增加新补贴；和（3）现在所有的边境保护措施只包括关税；这些关税应予一定程度的减让，不得再自由提高。

现在的问题是，在出口补贴和国内补贴得到（某种程度的）削减时，其他扭曲竞争的手段很大程度仍然未得到规制，特别是国际粮食援助、出口信贷、国有出口贸易和出口限制。这些政策措施显著影响了著名的"公平竞争环境"，而通过"公平竞争环境"可以实现全球粮食安全的最佳平衡。当发生粮食危机之时，众多商品市场将被关闭，没有发展中国家可以在世界市场购买到所需的进口的粮食。富裕国家则没有面临这些问题。通过减让他们适用的进口关税，即以可以负担的价格进口粮食和饲料，而不会伤及本国生产商。

关于投资，人权和经济法之间的裂痕甚至更大。与贸易规则相比，投资方面的分配正义更加遥不可及。世界贸易组织没有规定粮食安全的投资准则。绝大多数相关双边投资条约甚至保护违反人权和环境规范的投资者，他们因这些条约的过度保护和规制不足而受益。由于国内或东道国政策在所谓的"土地掠夺"投资项目中没有利益，规则的破碎，令人震惊。这里也许可以提出的有效主张是支持这些条约项下的"公共利益"保护。

总体而言，粮食贸易问题对国家和家庭层面具有消极影响，当前国际贸易和投资规则似乎不适合解决这个问题。这些不足可以说是违反了人权条约规定的食物权。然而，可以明确的是，我们现在只完成了一半工作，就此而言，现在不再进行的多哈回合谈判原来计划的结果，实际上也没有实现！事实上，某些漏洞却越来越大，反而妨碍了全球和国内的粮食安全，特别是粮食价格高企的时候。

前行之路

理想情况之下，潜在的贸易和发展相关解决方案是一揽子协调性措施。我认为综合实施以下四种措施，可以履行人权法条约规定的国际社会义务。

1. 贫穷的发展中国家必须至少为脆弱的农业生产者保留政策空间。无论如何，区域贸易协定最终使他们在有效边境保护方面的选项甚少。

2. 出口限制和出口限制方面缺乏新的准则，特别是粮食援助，都是粮食安全面临的公然威胁。必须在世界贸易组织解决这些问题。至少，2011 年 11 月 G20 达成的粮食援助供应豁免出口限制的决定应立即予以执行。

3. 国际金融机构需要审核其投资政策和贷款优先次序，包括审核其研发项目。

4. 双边投资条约也应如此，至少在弱势国家的农业用地收购方面。

总而言之，为了以此展开讨论讨论，我问你们一个问题，这一切对水具有何种意义？

　　我认为，两个问题的主要相似之处在于我所谓粮食与水的外商直接投资过度保护和监管不足之间的分裂。经济法允许"损及"人权法明令禁止的某些东西。联合国秘书长在商业、人权、跨国公司（TNC）和其他商业企业事务方面的特别代表约翰·鲁吉（John Ruggie）建立了商业和人权的三方框架，包括（1）国家的保护义务；（2）跨国公司的*尊重责任*；和（3）对违反人权行为*适当救济*。[11]他强调指出，一项社会准则"已经获得了所有利益相关方几乎普遍的认可，也就是公司具有尊重人权的责任，或者简单而言，不得侵犯其他人的权利。"

参考文献

Hoekstra, A.Y., Chapagain, A.K., Aldaya, M.M. and Mekonnen, M.M., 2009. *Water footprint manual.* Enschede, the Netherlands: Water footprint network.

Hoekstra, A.Y., Chapagain, A.K., Mekonnen, M.M. and Aldaya, M.M., 2012. *The water footprint assessment manual: Setting the global standard.* Routledge.

Konar, M., Dalin, C., Suweis, S., Hanasaki, N., Rinaldo, A. and Rodriguez-Iturbe, I., 2011. Water for

---

[11]　参见 http://www.business-humanrights.org/SpecialRepPortal/Home (accessed January 5, 2012).

food: The global virtual water trade network. *Water Resources Research, 47(5).*

Technical University Berlin, Chair of Sustainable Engineering. https://www.see.tu-berlin.de

6

食物链上的塑料污染：谬论或真相？

安妮·巴莱 (Annie Balet)

塑料材料对地表水的污染是科学家和一般公众所关心问题的一个方面，而且引人注目。[12]媒体文章讨论大型海洋动物的灭绝危险，最近还在我们的食物中出现了小型颗粒。为了从现实解开谜题，研究人员已经研究了塑料的物理和化学特性，用水柱（water column）来估测污染，证明了食物网[13]中存在塑料微粒及生态平衡。

塑料包含长链大分子或高分子，为了获得特别属性，还增加了添加剂。这些疏水性合成分子可以吸附[14]和集聚持久性有机污染物，预计寿命期限为 100 年至 1000 年。然而，在轻度侵蚀和机械侵蚀（风、海浪、洋流）的综合作用之下，塑料分解为不到 5 毫米

---

[12] 安妮·巴莱是巴黎第十一大学奥赛理学院生理生态学博士，她致力于应对环境变化的新陈代谢和植物超微结构研究。她随后在中学任教生物学，提高学生对环境和人道问题的认识。她协助组织了为期一个星期的可持续发展非正式研讨会。

[13] 食物网是指某一生态系统食物链的相互作用和相互重叠的网络。

[14] 吸附分子附着于某一物体的表面，从而进入物体。

的小颗粒，与浮游生物极其相似。其他塑料微粒被直接排入环境之中，包括化妆品中的微珠和个人护理用品，以及由回收利用的聚对苯二甲酸乙二醇酯（PET）制成的羊毛纺织品脱落而且废水处理厂未能完全过滤的微纤维。暴雨径流也包含了运输期间流失的预产品颗粒。这些颗粒的大约类似于鱼卵，也称之为塑料颗粒（Nurdles）或美人鱼的眼泪，最终与河流及湖泊中的其他塑料微粒汇聚至海洋。

比起海洋环流圈中的塑料微粒，最近在地中海、北美五大湖、日内瓦湖及多瑙河、泰晤士河、莱茵河和罗纳河检测到的地表水塑料微粒积聚相当之高。在有些地方，塑料微粒与浮游生物一样之多。甚至在人口极其稀疏及非工业化地区的水也受到了污染，比如蒙古的库苏古尔湖（Lake Khovsgol），表现整个水圈均被塑料污染。地表水污染只是问题的冰山一角。沉积物也被塑料微粒污染。不仅密度高于水的塑料落入水底，而且成为生物沉积[15]的更轻塑料会失去浮力而下沉。因此，整个水柱都含有可以与微生物在食物网所有营养级相互作用的塑料，特别是可以与处于食物链底端且存活于地表水或沉积物中的浮游动物、食腐质者和微生物相互作用。

早已为人所知的是，吞食塑料可导致大型海洋动物因窒息或消化道堵塞而死亡。例如，成年和幼小的信天翁在误食附着于蛋类或

---

[15] 生物沉积是在水下表面的生物体聚集。

可食海洋生物的塑料物品之后，可因不能进食而饿死。最近瑞士洛桑联邦理工学院（EPFL）关于日内瓦湖的研究中描述了这种食物窘境。在 89%死去的水鸟（鹭、天鹅和野鸭）死体砂囊中，都发现了塑料微粒。在 7.5%的小型肉食性鱼类（鲹鱼和欧鲌）死体胃中，都发现了塑料微粒。维迪港的海鸥体内的颗粒有塑料微粒和其他塑料。根据某些作者所言，塑料微粒导致了海洋环境每年有250个物种的150万动物死亡，包括甲壳类、鱼类、龟类、鸟类和哺乳类动物。塑料也导致动物引发错误的食饱感，从而吃得更少。进食不足不仅降低了动物的生命力和繁殖率，也危及众多物种的生存，也扰乱了生态系统的营养平衡。

塑料微粒的营养转移导致海鲜的污染，这是一个相当之近的问题，但是，若干就地实施的对照研究探讨了这个问题。

从自然中捕获的众多动物，表明诸如小型甲壳类动物或灯笼鱼，以及食腐质动物（泥地蠕虫）等浮游生物为食动物食用了塑料微粒，因为这些东西随处可见，大小类似于浮游生物和沉积物，而这些动物均属食物链的第一链条。然而，桡足动物（小型甲壳类动物）食用悬浮在水中的微小藻类（浮游植物），研究人员发现其食用的荧光塑料颗粒以粪粒形式排出。桡足动物的肠道转运时间需要几个小时，而鱼类需要几天时间。

这些观察表明，食物链的污染是一个谬论，其他的研究结果则支持塑料微粒的生物富集和营养转移之假设。研究表明，北海贻贝的消化腺里含有 0.2-0.3 的塑料微粒。在受控条件之下，大约 10 微米的荧光聚苯乙烯微粒可以通过蓝贻贝的消化道和腮进入血淋巴（循环系统）。除了这种生物富集，其他研究表明颗粒也可进入螃蟹体内。用接触颗粒 1 个小时的贻贝喂养螃蟹 4 个小时，螃蟹胃和血淋巴可发现的 0.4 微米的聚苯乙烯微粒。尽管贻贝中的微纤维残留率较低（0.28%），向螃蟹的营养转移率也较低（0.04%），这项研究证明，某些塑料在食物链中转移。

尽管直接摄取塑料微粒难以与易位[16]相区分，但在上层物种方面，直接摄取塑料微粒的可能性较大。鱼类捕食微型生物，根据鱼种和捕获区（海洋与淡水）不同，其胃里的污染物水平为 20%-40%。生活在北美五大湖区域的双冠鸬鹚和亚南极诸岛的海狮体内的污染物水平表明，塑料颗粒可以转移至海洋食物网最高级营养层的生物，以及远离居民区和工业区的生物。

更为重要的是，塑料不仅转移邻苯二甲酸盐（Phthalates）、双酚（Bisphenols）和阻燃剂（多溴联苯醚（PBDE）），而且在其表面吸附持久性有机污染物(二氯二苯三氯乙烷（DDT）、多氯化联二苯(PCB)，[17]或者多环芳烃（PAH）[18])，高达水中检出数量的 100

---

[16] 易位是指小型颗粒转移进入组织之内。
[17] 1987 年，法国禁止使用多氯化联二苯(PCB)，

万倍。所有这些持久性生物富集和有毒物质（聚对苯二甲酸丁二酯（PBT））被称之为内分泌干扰物或致癌物。

一项研究表明，在北太平洋中央环流捕获的绝大多数牙鲆幼鱼体内，发现了二氯二苯三氯乙烷、多氯化联二苯和多溴联苯醚。这项研究的作者们尽管不容易确认多氯化联二苯和二氯二苯三氯乙烷的来源，但可以充分证明大量塑料微粒来自多溴联苯醚。

一种小型实验用鱼青鳉鱼表明，海洋污染导致释放了毒素以及聚对苯二甲酸丁二酯的毒性影响。沉没在加利福尼亚州圣地亚哥湾（San Diego Bay）三个月的聚乙烯塑料微粒，如果个体脂肪组织暴露在这些的环境中两个月，多氯化联二苯、多环芳烃和多溴联苯醚的污染水平比对照组要高得多。除了性腺功能的内分泌干扰，还观察到存在生理应力，受污染鱼类的糖原损耗为 74%，肝细胞坏死 11%，一条鱼出现肝肿瘤。

其他研究人员将贻贝暴露在被多环芳烃污染的聚乙烯塑料微粒环境中两个月。他们发现贻贝不仅摄取并在血淋巴中积聚了塑料颗粒，而且 20%表明阻碍了生长，41%降低了繁殖力。他们还报告称，与未暴露的贻贝相比，暴露的贻贝出现免疫反应受损和氧化应激。这些毒性效应表明，由塑料碎片传输的污染物转移到了生物的

---

[18] PAH 是指不完全燃烧产生的多环芳烃。

内部组织，即使其他关于泥生蠕虫的研究表明，聚氯乙烯（PVC）的附着能力高于沙子。

另一个很少研究的海洋塑料颗粒产生的生态风险是物种由塑料颗粒带到它们原先未曾到过的地方。2011 年日本海啸发生后，一块大约 4 米的塑料被冲到了加拿大的西海岸，给北美生态系统带来了 54 种物种。这些生物浮岛构成了一个生态系统（塑料生态），且与周边海水环境有所不同。其可以打乱食物链的平衡，海黾（Halobates sericeus）证明了这一点。雌性海黾在塑料的疏水表面产蛋，这里是完美的孵化器。成年之后，再去一个新的地方，以浮游生物和鱼卵为食。这样的话，它们不仅削弱了食物链的底层，而且损及了捕鱼业。

藻类也侵占了这些生物浮岛，它们受益于良好的阳光，可以通过光合作用获得更多的二氧化碳。不幸的是，其也可以携带有毒藻类和致病菌，危及海洋野生生物。例如，可以引发人类霍乱和攻击鱼类消化系统的弧菌可以迅速占领聚丙烯和聚乙烯，这些塑料在海洋环流中大量存在。这些微生物可以导致野生鱼不适合食用，危及鱼类和甲壳类养殖。

其他细菌可形成一层细菌膜，导致聚乙烯颗粒表面出现裂缝，这是指细菌水解。这种生物裂解可以导致塑料的光化学和机械性断裂，从而产生纳米塑料，其对健康和环境的影响尚不可知，另外还会释放可降解碳氢化合物的细菌酶。

　　而现实是，所有营养层的动物都会摄取塑料。最近的研究证明了塑料微粒的易位和营养转移。因此，它们是有毒物质的带菌者，可以通过生物放大作用，[19]蔓延至食物链的上层，污染海鲜和淡水鱼。尽管在食用鱼类之前会取出内脏，但这项研究探讨了食用者暴露于化学污染物的一种新途径。这不仅是公共健康风险，而且关于其对食物链的不利影响也研究甚少。塑料污染导致了众多动物的死亡，传播了扩散性物种以及有毒或致病性微生物，从而危及到了海洋资源。这是随着塑料的广泛使用而产生的一个全球性问题，当开始管理废物时，其产生了环境、健康、经济、政治和社会后果。

参考文献

Browne M., Niven S., Galloway T., Rowland S., Thompson R. (2013). Microplastic moves pollutants and additives to worms, reducing functions linked to health and biodiversity. Current Biology 23, 2388 - 2392, December 2, 2013. http://dx.doi.org/10.1016/j.cub.2013.10.012.

Farrell P., Nelson K. (2013). Trophic level transfer of microplastic: Mytilus edulis (L.) to Carcinus maenas (L.). Environmental Pollution. 177, 1-3.

---

[19] 生物放大是食物链上层生物的毒素积聚。

Faure F, de Alencastro F, Scharer M., Kunz M., (2014). Evaluation de la pollution par les plastiques dans les eaux de surface en Suisse. Rapport final de la faculté de l'environnement naturel, architectural et construit de l'EPFL.

Gassel M., Harwani S., Park J-S., Jahn A. (2013): Detection of nonylphenol and persistent organic pollutants in fish from the North Pacific Central Gyre. Marine Pollution Bulletin 73 231–242. www.elsevier.com/locate/marpolbul

Rochman C.M., Hoh E., Kurobe T., Teh S.J. (2013). Ingested plastic transfers hazardous chemicals to fish and induces hepatic stress. Scientific Reports.3, 7.

Sussarellu, Rossana, Marc Suquet, Yoann Thomas, Christophe Lambert, Caroline Fabioux, Marie Eve Julie Pernet, Nelly Le Goïc et al. (2016) "Oyster reproduction is affected by exposure to polystyrene microplastics." Proceedings of the National Academy of Sciences 113, no. 9: 2430-2435. http://doi.org/10.1073/pnas.1519019113

Teuten E.L., Saquing J.M. & al., (2009) "Transport and release of chemicals from plastics to the environment and to wildlife". Philosophical Transactions of the Royal Society B: Biological Sciences, 364 (1526): 2027-2045.

Zettler E.R., Mincer T.J., Amaral-Zettler LA, (2013). Life in the 'plastisphere': microbial communities on plastic marine debris."

Environmental science & technology 47, no. 13 (2013): 7137-7146.

7

塑料微粒对水生生物之影响：
小颗粒与大问题？

薇拉·I.斯拉维科娃（Vera I. Slaveykova）

塑料是由各类有机高分子制成的合成材料，使用的塑料共有 20 多种不同类型，包括聚乙烯、聚氯乙烯、尼龙等。根据塑料欧洲（Plastic Europe）评估，塑料材料的生产和使用将不断增加，现代社会为此而受益。[20]在"塑料时代"，全球塑料的大规模生产，从 1964 年的 1500 万吨逐步增加到了 2014 年的 3.11 亿吨。根据评估表明，每年通过不同来源最终进入海洋的塑料超过 1220 万吨，导致环境污染不断增加。实际上，海洋塑料垃圾的聚集是一个迅速扩大的全球性问题，在五个大洋环流之中，这个问题尤为显著，其代表了废物聚集的热点区域。

---

[20] 薇拉·斯拉维科娃是日内瓦大学环境生物地球化学和生态毒理学教授和地球和环境科学学院副院长。她致力于研发新方法和新理念，研究影响水生系统和过程中微量元素、纳米微粒和纳米塑料等行为的基本过程，而这些系统与过程与水质量和环境风险评价高度相关。她兼任《环境科学生物地球化学动力学前沿》的专业主编。

从生态毒理角度而言，塑料微粒是具有全球重要意义的新型污染物，其对环境的影响越来越受到关注。塑料微粒可以产生于主要来源和次级来源。主要来源包括各类护肤品、化妆品、牙膏、合成纤维纺织品，而次级来源包括大型物体因降解和裂解而产生的分解物。各类过程可以导致形成塑料微粒，包括物理、光和生物转化和降解。塑料微粒的特征是体积小，具有相当高的比表面积，从而导致产生高反应活性。例如，如果全部转化为 40 纳米大小的塑料颗粒，一个经典的超市购物袋的比表面积为 2600 平方米。按照每平方米的颗粒数据，环境中的塑料占了绝大部分，按照质量计（kg/km^2），则大残留物占了最大份额。最近的一项评估，其总结了世界海洋地表水、海滩沙地、深水和湖水之中微小塑料集中和分布的现有数量，塑料微粒的密度为每平方千米 0 到 466,305 颗不等。除了大型脊椎动物吞食和摄取的大残留物，浮游生物和无脊椎生物积累了塑料微粒，沿食物链转移。

由于体积较小，水生微生物可以迅速摄取塑料微粒，从而影响了水生微生物，塑料微粒在水生食物链中聚集，导致人类经由食物暴露在塑料微粒环境之中。除了固有的生理毒性，塑料微粒还携带了有毒金属和有机微量污染物，因而会导致水生生物感染化学毒素。塑料微粒可以吸附不同的环境污染物，例如持久性有机污染物，以及过滤附加物和单体。

当前的讨论集中于微小塑料的内在毒性效应。自二十世纪九十年代以来，人们已经研究了塑料微粒的影响，这证明塑料影响了海洋生态系统的主要藻类、纤毛虫、无脊椎动物、甲壳纲动物和鱼类。还证明低密度浮游塑料微粒垃圾严重影响深海生物群，而高密度塑料微粒则影响底栖生物群。塑料微粒对于无脊椎动物生物利用度的影响因素包括不同喂食群的规模、密度和敏感性，并全面检视聚集性和易位性。高密度聚乙烯塑料颗粒被发现聚集在可食用蓝贻贝的鳃表面和鳃内部，及其肠管里。还表明聚苯乙烯塑料微粒干扰牡蛎的能量分配、繁殖和后代质量。在暴露 7 天之后，斑马鱼的鳃、肺和肠道内可以发现 5 微米直径的聚苯乙烯塑料微粒积聚，而 20 微米直径的稍大聚苯乙烯塑料微粒只积聚在鳃和肠道之中，而肺中并没有类似的颗粒，这证明塑料微粒大小对于生物富集的重要性（Lu et al.，2016）。

最近，类似的研究延伸到了淡水生态系统。例如，我们自己的研究证明，水生蚤（Daphnia magna）食用了大小 200 纳米的正负极带电乳胶粒子（Saavedra et al，2019）。由于塑料微粒聚集在暴露媒介之中，水生蚤体内肠道发现的塑料微粒也随之增加。48 小时静止测试表明，塑料微粒均对水生蚤有害。在海洋生态系统的少数研究之中，也表明营养转移是一种暴露于塑料微粒的主要路径，这是与直接摄取同时发生的普遍现象。

最近的一项研究表明，首次在出售给人类食用的鱼类及双壳类动物肠道中发现了塑料残留，因此引发了有关人类健康的担忧（Rochman et al. 2015）。简而言之，印度尼西亚和美国供人类食用的单种鱼类中分别有 28%和 25%发现了人为垃圾残留。在取样的单种甲壳鱼类中有 33%也发现了人为垃圾残留（Rochman et al. 2015）。这些结果表明，在制定海鲜安全标准时，需要包括塑料垃圾。令人感到兴趣的是，最近一项研究也表明，食用受污染的盐也有可能使人类暴露于塑料微粒污染：海盐中发现了塑料微粒含量为 550-681 颗粒/千克，远远高于湖盐（43-364 颗粒/千克）和岩盐/井盐（7-204 颗粒/千克）（Yang et al., 2015）。

总体而言，塑料污染无处不在，小塑料颗粒成为了全球关注的一个大环境问题。尽管大塑料垃圾的环境影响得到了大量研究，但是，塑料微粒的特性和影响，或是被无意释放到环境中，或是大塑料降解，均未得到充分研究。然而，现有文献表明，塑料微粒可以引发水生生物群复杂的生理和化学中毒。

塑料微粒导致的环境危害和潜在风险评价是环境风险评价的重要任务。可以为建立正确的环境质量标准提供一个科学基础。理解水生系统的潜在变化，以及由此对水生生物群和人类的潜在影响，而且，塑料微粒的减少，例如通过改变塑料垃圾的管理，减少陆地塑料垃圾流入水生系统，这是"塑料时代"一项重要的研究课题和社会优先事项。

参考文献

Lu Y, Zhang Y, Deng Y, Jiang W, Zhao Y, Geng J, Ding L, Ren H: Uptake and Accumulation of Polystyrene Microplastics in Zebrafish (Danio rerio) and Toxic Effects in Liver. Environmental Science & Technology 2016, 50(7):4054-4060.

Saavedra J, Stoll S, Slaveykova VI: Influence of nanoplastic surface charge on eco-corona formation, aggregation and toxicity to freshwater zooplankton. Environmental Pollution 2019, 252: 715-722.

Rochman CM, Tahir A, Williams SL, Baxa DV, Lam R, Miller JT, Teh F-C, Werorilangi S, Teh SJ: Anthropogenic debris in seafood: Plastic debris and fibers from textiles in fish and bivalves sold for human consumption. Scientific Reports 2015, 5:14340.

Yang D, Shi H, Li L, Li J, Jabeen K, Kolandhasamy P: Microplastic Pollution in Table Salts from China. Environmental Science & Technology 2015, 49(22):13622-13627.

水的创新伦理：应考虑的解决方案

8

新加坡抗击水压力之历程

埃弗莉娜·菲克特-维德曼（Evelyne Fiechter-Widemann）

我们每一个人均应认真看待饮用水的问题，但是，政府担负着较大的责任。[21]正如前总理李光耀在其一本著作的书中所言，新加坡模式让这个国家从第三世界跃升到第一世界，此乃人类的一个经验。五十年前，新加坡还是一片泥滩，渔民们生活在棚屋之中，他们的房屋修建在支撑物之上，没有自来水，也没有公共卫生设备。由于政治意志，加之人民的努力，发生了不可想象之事：地球上一个最贫穷的国家成为繁荣之国，开始在世界舞台有了话语权，2001年至 2002 年，新加坡在联合国安全理事会发挥的作用已经证明了这一点。

---

[21] 埃弗莉娜·菲克特-维德曼是日内瓦律师公会的荣誉会员，拥有纽约大学比较法学硕士学位。2015 年获得日内瓦大学神学博士学位之后，她在新加坡从事全球水伦理的研究。她还兼任日内瓦行政法法院（CRUNI）司法委员会的助理法官，并在日内瓦学院教授瑞士公法和国际公法。她是瑞士新教教会救济会理事会和日内瓦国际改革博物馆董事会成员。

当然，此种剧烈的社会变革也付出了无法令人遗忘的代价：人民不得不离开他们的村庄。但他们可以新加坡的组屋（称为 HDB）里享受生活，甚至可能以合理的价格购买公寓，现在 80%的新加坡人均有自己所有的房屋。这种城市化转型的结果导致开始要求民众为用水付费，而且新加坡也开始予以管理用水。作为一种补偿，所谓的"先驱"得到了当前一代的极大敬重，认可他们为新加坡更好的生活所作之牺牲。

新加坡 710 平方公里的岛上生活了 550 万居民，其保证水充足的战略分为"四个方面"。首先，新加坡改进了雨水收集，从 3 个水库增加到 17 个。其次，新加坡仍得益于 2061 年到期的《供水协定》，可依靠马来西亚供水。最后两个"方面"均涉及水的转化，这得益于海水淡化和膜技术：反相渗透。[22]最为显著的是，李光耀总理理解这种美国在 20 世纪 90 年代发明的技术可以解决新加坡水稀缺的尖锐问题。因此，他坚持推动将废水转化为可饮用水的新理念，并命名为新生水。他知道民众会不愿接受此种新技术，他利用 2002 年的国庆日公开饮用新生水。这里节录了李光耀在 2008 年新加坡国际水周开幕时的一篇演说：[23]

---

[22] Saied, E. (2016) *Urban Water Reuse Handbook*. Taylor & Francis Group ed., 387.

[23] Lee, K.Y. Speech at Singapore International Water Week 2008 (2016). In Ho, P., Liu T. K., Liew M. L and al., *A Chance of a Lifetime. Lee Kuan Yew and the physical transformation of*

[...] 我们在体育场里的 60000 人，都喝来自于下水道系统的新生水。但他们认为，这只是一个噱头而已。这并不是一个噱头。我们在勿洛有一个展示厅，敬请光临参观。他们来了，然后发现，这是真的。

水是一种宝贵的资源。没有水，你会死。[...] 全世界都在浪费和滥用水，我预见到了许多国家都缺水。全球变暖扰乱了供水，河川基流也因此而断流等等。因此，我相信污水处理和废水管理将成为一个庞大的行业，因为几乎每一个社会，尤其是中国和印度等大国家必然将应对处理这个问题。

[...] 世界需要如此，因为我们原以来水的供给是无穷无尽，然而事实并非这样。我们发现水不是取之不竭的，所以我们应该已经找到一个解决办法。

而问题在于，城邦国家这种最显著的转型，即消除民众的贫困，是否是一种可持续性以及一种可供其他国家借鉴的模式。

最近，我们可以在《海峡时报》（Straits Times）（2017 年 10 月，A6）读到，新任中国首席经济顾问刘鹤先生曾在 1993 年瑞士达沃斯论坛会晤李光耀总理，当时已经相信李光耀总理关于城市化挑战的论断。

Singapore, Didier Millet, ed. 93.

9

塞内加尔饮用用水和

创造就业的可持续性解决方案

勒诺·德·瓦特维尔、克里斯托夫·斯图基和克莱芒丝·朗格尼 (Renaud de Watteville, Christoph Stucki, Clémence Langone)

数年以来，用水（A2W）项目已经证明，通过净化受污染的水和咸水而向塞内加尔家庭提供饮用水具有可行性，而且村民们可以负担水价，其涵盖了维护成本和折旧。[24]

---

[24] 克里斯托夫·斯图基（Christoph Stucki）在苏黎世的瑞士联邦技术学院土木工程硕士学位之后，最初在瑞士联邦材料科学实验室从事材料性能的分析，随后加入了洛桑的一家工程公司。尔后在洛桑的瑞士联邦技术学院开发了一套铁路网络规划模型，1980 年受雇出任日内瓦公共交通系统的总经理。目前，他是日内瓦大型跨国公共交通网络的负责人。克莱芒丝·朗格尼（Clémence Langone）获得了瓦莱的瑞士西部应用科学技术大学管理和旅游学士学位后，以志愿者身份在巴西为一家促进妇女社会和经济发展的非政府间组织工作。她目前在瑞士洛桑河畔罗马内尔（Romanel-sur-Lausanne）的用水基金担任项目经理。勒诺·德·瓦特维尔（Renaud de Watteville）接受职业飞行员的训练之后，转赴海外，创办了一家活动项目管理公司。20 多年以来，他为瑞士和海外的各个公司组织了众多

塞内加尔的用水和创造就业的计划

用水项目是一个非盈利瑞士基金，由瑞士淡水（SFW）于 2012 年发起，在发展中国家的低收入群体实施用水和创造就业项目。自成立之后，用水项目在塞内加尔称之为宁静之水的水站安装了 180 多套水处理设备，创造了大约 650 个直接就业岗位，为大约 380,000 人提供饮用用水。

用水项目基金在农村、郊区和城区的所有大小村落安装水站。同时建立由这些水站共同承担维护费用的机制。

通过贷款和资助多渠道融资获得冲击贷款和赠款，使得本项目具有实现之可能。在城镇和大型村庄，出售水之后，可能在 5-7 年收回投资，但是在小村庄，通常是急需用水的农村和偏远地区，受到年轻人迁出的影响最大，则需要寻找赞助力安装每个水站。得益于欧佩克国际发展基金（OFID）、圣约翰救伤队、狮子会、国际女企业家与职业妇女联谊会成员，特别是扶轮社（Rotary Club），已经实施了若干项目。例如，通过日内瓦湖扶轮社以及所有日内瓦扶轮社及塞内加尔达喀尔扶轮社的支持之下，在坦巴昆达（Tambacounda）地区采取了一项重要行动，在那里也将水配送至学校和医疗站。

活动。2008 年，他开办了瑞士淡水公司（Swiss Fresh Water SA），开发了一套低成本的分散式淡化系统，用于低收入人口。这是他发挥高强调工业项目经验的机会。

此类本地生产的水，与地方当局协商以非常低廉的价格出售，在每升 0.7-1.5 欧分之间，也就是比首次获得饮用水的价格便宜了 20 到 80 倍。即使水价格如此之低，但是售水所得收入也足以偿付地方劳工的工资和设施维护费用，还可以偿还用水项目为大型村落所借之款。

用水项目通过在塞内加尔实施各个项目，旨在为生活在水压力之下的人群提供一个可持续性的解决方案。很多时候富含细菌和病毒的咸水和/或受污染水转化为饮用水，让这些人群看到了健康和生活条件的重大改进。此外，通过创造直接、间接和衍生就业岗位，推动农村地区的发展，降低迁离农村的人口，从长期来看，此种解决方案在经济上是可持续的，也是可行的。得益于互联网监控和日常维护的解决方案，水站设施几乎很少遇到干扰，只要项目得到财务支持，即可运行。

整体项目的主要益处体现以下四个方面：

- 健康：减少与脏水、盐水或受污染水相关的疾病，包括痢疾、氟中毒、高血压、癌症、血吸虫等；

- 经济：创造就业和降低怠工

- 社会凝聚力：改善生活条件，降低迁离农村的人口，强化妇女融入劳工市场；问责和责任原则

- 环境：通过利用可循环瓶子减少浪费、利用太阳能和就地产水而减少水的运输。

技术解决方案

瑞士淡水在洛桑地区开发了水处理单元。在某些情况下，氯是杀菌和抗病毒的有效和必要解决方案，由于采用了反相渗透技术，瑞士淡水的设备可以生产不含化学品，不含细菌和病毒以及激素、抗生素、杀虫剂、诸如铅与水银等重金属与盐。

反相渗透系统是指通过卓越过滤系统（0.0001 微米）净化含溶解材料的水，由于水的增压，只允水分子通过半渗透膜。反相渗透清除了几乎所有不良物质，诸如：细菌、病毒、氰化物、砷、水银和其他重金属、激素、抗生素和盐。

反渗透压力所需的能量由电网的电力或一块太阳能板提供。处理的水源可以来自于公共供水或者一口井、一个钻孔或甚至河流。作为技术解决方案的一个部分，还配备一套遥感系统，可以控制每台机器的运营。网络遥感技术可以监控每台机器，若有必要，负责本地维护的各个中心可以远程控制。这也可能会出现故障。

机器每天可以生产 4000 升饮用水，且认证满足世界卫生组织（WHO）的要求。水的成分和味道与雨水相当接近，饮用之人给予了极高的评价。还可以根据需要调整水中的矿物质，以满足不同的口味。

村民们像往常一样用罐子集存净化水，按量向水站经理付费。

反相渗透装置：成本低且分散利用 性能与方案		
	1-4 年	5 年以上
水质量	可饮用；不含细菌和病毒、氟、重金属、盐和其他不良物质	可饮用；不含细菌和病毒、氟、重金属、盐和其他不良物质
防止与相关的疾病	痢疾、霍乱、氟中毒、高血压和其他疾病	痢疾、霍乱、氟中毒、高血压、血吸虫和其他疾病
电	由太阳能电池或电网供电	由太阳能电池或电网供电
每天处理的饮用水	约 2,000 升	达到 4,000 升
包括维护合同在内的租赁协议	由赞助人支付装置的费用并具有所有权，然后租赁给用户的社区	由赞助人支付装置的费用并具有所有权，然后租赁给用户的社区
租赁费	覆盖折旧和维护费用	覆盖维护费用以及折旧后的新机器购置
付款制度	开具发票，用后付费	预付款
远程和遥感监控	可以前瞻性维护	可以前瞻性维护和预付款

创造就业	水站管理员、地方和区域维修员	水站管理员、水站经理、销售人员、交付人员、地方和区域维修员（技术员）、清洁工、质量经理、司机和众多间接就业岗位
每升生产成本（在 10 年内）	0.7 欧分	0.5 欧分
每升价格	2.1 欧分	1.4 欧分
费用范围	1/3 本地工资，1/3 折旧，1/3 维护费用	本地工资和维护费用，以及折旧后的新机器购置
本地竞争者的市场价格	塑料袋装水：20 分/升	瓶装水：50 分/升

现场项目

为了开发全国范围内的项目，包括塞内加尔河区，这些地方需求极大，而且为了增加现有水站的效率，用水项目需要高质量、训练有素的员工执行项目。为此，用水项目已启动了与水职业相关的新训练项目，旨在大幅提高当前水站员工的专业技术，同时为新水站训练人员。主要战略是扩张，例如，寻找新企业家投资新水站，而且巩固现有的水站，例如寻找新的销售代理商在现有水站周边村落所谓的"卫星水站"出售生产出来的水。实际上，水站每天生产过滤水的能力达到了 4,000 升，但目前绝大多数运行的水站低于这个产能。因此，用水项目的目的是通过增加相邻各村的销售而提高现有水站的产能。用水项目正在致力于发展"卫星水站"的概念。

用水项目旨在创造就业的同时尽可能多地吸引妇女和年轻人。实际上，用水项目已经发现，在已经安装的众多水站之中，妇女在管理中发挥重要作用的水站最为高效。这也反映了农村和城市妇女对经济和社会认可的强烈需求。绝大多数这些妇女渴望进入劳动力队伍，但通常缺乏机会或独立性。鉴于此原因，用水项目希望将此机会主要提供给妇女。

培训项目包括认识运动的初步工作，提高水在健康方面具有重要意义的认识。与太阳能领域的本地合作者"小太阳"一道，用水项目前往农村和城郊地区，推广可持续解决方案，诸如水站及其销售点和廉价太阳能灯的商业分销。这两者均是部署一个分散式解决方案解决人类发展所严重缺乏的资源：饮用水和高质量的太阳能，以此作为"产品"。两者均需要提高民众之认识。

人们对于任何形式的运动（推广、兴趣、提高认识、训练、讨论）一般都会积极响应，尤其是像饮用用水或销售同等重要的主题。在现场研究、市场研究和认识运动或者培训课程方面，用水项目的团队已经发现，人们看重眼前利益。在农村地区，得益于自下而上的方法，项目进展迅速。实际上，用水项目直接针对村落首领、妇女协会和医疗站。另一方面，在城市或半城市地区，用水项目有时遇到抵制。这确实需要获得商业授权，通常从市政府或地区政府那里取得。由于行政机关的官僚体制，获得授权往往需要较长的时间。有时私人利益高于社会利益。用水项目一如既往拒绝不可靠的代理商行事，或者支付小费。

感谢本地团体的专业、知识和耐心，用水项目有幸克服可能发生冲突的若干艰难情境，自此以后，众多当局或个人帮助发展这个项目。

经验项目

总而言之，用水项目面临各种情况。现场经验表明，本地市场与诸如水这样的一种必需产品相融合，乃是相当棘手之事。

成功的绝佳保证是在以下几个层面同时推进：

- 地方，这是与人们直接相关的层面（妇女协会、村落首领等）：自下而上
- 区域和全国：告知地方行政长官、州省长、部长，并向他们提供项目的支持

然而，需要对本地合作伙伴要有耐心、信心和信任。因此，在每个新的行动区域或项目实施都需要时间，磨合期往往并不轻松，

但却值得，因为人们最终需要饮用淡水，更好的健康和生活条件，以及工作。

参考文献

http://www.accesstowaterfoundation.org/

经济伦理：公共产品和水的经济市场价值

10

水权利：解决方案是什么？谁应行动？
一位专注于微观金融的银行家视角

埃马纽埃尔·德·吕泽尔（Emmanuel de Lutzel）

引言

一位专注于微观金融的银行家可以在这次关于全世界用水的跨学科研讨会贡献什么呢？[25]首先，这个主题与微观金融有关，因为其涉及目前生活在"金字塔底端"（BoP）的 40 亿贫困人口。其次，融资是实现用水这一权利的一项先决条件。

我不是一位法律学者、伦理学家或者是水专家，因而在很大程度上依赖于 Hystra 咨询公司在 2011 年 12 月发布的报告。这份报告由苏伊士威立雅（Veolia，Suez）、法国开发署（French Development Agency）、荷兰的水机构为所有提供水（Aqua for

---

[25] 埃马纽埃尔·德·吕泽尔（Emmanuel de Lutzel）法国巴黎银行微型金融负责人。自 2007 年以来，他一直为银行开发微型金融组合，遍布 8 个国家，涉及 17 个机构，总额高达 5000 万欧元，惠及 35 万家微型企业。他协助法国和欧洲的微型金融基金建立新的监管框架。

All）和儿童投资基金会（Children's Investment Fund Foundation）组成联盟共同撰写。这份文件基于瑞士发展与开发署最初的一份报告，其估计投资 60 亿美元，可以让无法获得饮用水 20 亿人口中的 10 亿获得饮用水，并且每年减少 300,000 人因受污染的水而导致死亡。60 亿美元是一个相对适中的金额，因为只有大约三分之一，或者说相当于公共开发援助的年度预算不到 2%，必然包含补贴或赠款。而剩余的 40 亿美元将由贷款或权益资本投资进行融资。

在分析现有各种技术解决方案之后，我们认为变革推动者可能推动有效行使水权利。

一系列技术解决方案

为 20 亿金字塔底端的贫困人口提供饮用水，并不只有一个技术解决方案，而是有一系列技术解决方案。技术解决方案的应用因未处理水的质量和人口密度不同而不同。宏观（基础设施）和微观（村落和家庭）领域均存在创新性解决方案。

泵水系统：由于 5.7 亿至 6.5 亿人口生活在污染水平较低的农村地区，泵水系统是最为经济有效的解决方案，但这需要持续维护。实际上，在非洲安装的 80 万台水泵，三分之一以上已经不再处于工作状态。一台水泵系统的投资金额在 3 万至 4 万美元之间。

过滤器与净化剂：由于 7.4 亿至 8.3 亿人口生活在污染水平为中度的农村地区，则适合使用家用过滤器和带氯片的瓶装水。过滤器的设备基础成本为 20 美元至 40 美元，平均可用两年。在此情况下，成功有两个必备要素：教育民众处理饮用水对健康的重要性，存在产品配送网络。我们可以借鉴联合利华（Unilever）在印度的经验和非政府组织（NGO）在非洲和亚洲的经验。

小型工厂：由于 4400 万至 5200 万人口生活在大都市区或城市外围，小型处理厂（通常称为水站），往往利用反相渗透技术向居民在水站批量供水或提供瓶装水。一个小型水厂的投资大约为 3000 美元。这类若干颇具希望社会化企业试验项目正在印度（Nanndi 和 Sarvajal）实施。

小型系统：由于 4.1 亿至 4.8 亿人口生活在目前公共供水服务尚未覆盖的大都市区或城市外围邻近，由本地企业管理的小型分散式系统可能是一个解决方案。投资 800 万至 1000 万可以服务高达 500,000 人。菲律宾的巴里巴沟公司（Balibago）和供水工程和发展公司（IWADCO）即是这方面的例子。

公共城市供水系统：对于这些相同的城市人口，扩大和改进公共供水系统，也是一个可供选择的方案。公共和私人运营商在这方面均取得了某些成就（投资数百万美元）。这些开发项目通常利用了交叉补贴（富裕地区往往被征收附加税用于投资和覆盖棚户区）。例子：摩洛哥的威立雅和雅加达的苏伊士环境。

谁是变革推动者？

开发援助的传统提供者，例如世界银行、区域开发银行和各个国家的开发机构，自然都是一种推动力量。我在这里重点关注此领域的创新者，现在是由大型金融和公司实体所主导。

传统或社会化企业：所述众多解决方案可以作为社会化企业运行。这种企业的目标不是利润最大化，而是为了努力改变社会。我们必须区分两种不同的参与者：（1）本地运营商（例如，水站运营商或过滤器制造商），如果要吸引企业家可以承担风险，其必须是利润导向企业；和（2）各组织（通过提供技术、融资和培训等）负责开发运营商网络，而这些组织只能是社会化企业。

微观金融：微观金融机构可以为系统（约 200 美元）和本地企业（最高数千美元）提供融资。他们也可以致力于设备分销（过滤器和净化剂）以及客户教育。这种多样性可以选择一个适当的商业模式，由一名员工在这种类型的产品上投入精力。

影响力投资：在过去十年里，这种专项基金得到了发展。其寻求中等收益以及社会影响力的最大化。世界上存在大约 200 个此类基金，一半是微观金融，管理的资产超过 100 亿美元。由于私人客户需求量大，这种模式处于强劲发展阶段。日内瓦是影响力投资的世界热点，根据摩根大通 2010 年的一份报告估计，未来十年投资额可以达到 5000 亿美元的规模。但是，这一数据基于融资需求的估计和存在必要企业的假设。现有基金发现值得融资的项目时面临了困难，这表明上述假设远远未得到证实。

慈善：这里我们不讨论紧急援助（例如，海地的重建），而是讨论长期项目，尤其是融资领域研究和大规模社会市场营销活动（大约每人 1 美元），需要形成真实需求和实施健康教育。

大型公司：诸如威立雅和苏伊士环境等公司已经开始启动试验性项目，即威立雅与格莱珉银行集团（Grameen Group）在孟加拉国，苏伊士在印度尼西亚。这些项目是公司企业社会责任努力的一部分，其仍会专注于核心商业领域。即使这些项目只是公司商业活动的极小部分，但我们应支持这种与社会化企业合作试验创新性模式的趋势。希斯特拉（Hystra）的报告建议，利用（公私）混合资本建立底层贫困人群的公用设施，可是大型公司在此领域的另一个机会。

本地社区：非洲有一句谚语说，帮助别人不应超过自己的能力。开发援助项目往往不能根植于本地社区而面临困境。诸如苏伊士和威立雅此等大型公司已经理解了这一点，要求人类学家，而且不只是技术和金融专家，确保他们得到相关社区的支持。

结论性评价

免费用水是柏拉图式的乌托邦。正如您们在之前研讨会所做的准确论断，水具有成本。我们必须离开柏拉图的洞穴，而进入亚里士多德或者莱布尼茨（Leibniz）的世界，"尽善尽美"。问题在于，谁应承担成本，什么是公平价格。我们必须让富裕地区的用户付费，然后再向穷人供水？政府应补贴各个层次的人吗？如果政府没有预算拨款且受到国际货币基金组织的监管，那么怎么办？

因此，这是不是善和恶的选择（免费用水是善，付费用水是恶），而是少一点恶（付费但成本较低）和更大的恶（看着人们的孩子死于痢疾，支付昂贵的医疗费，还是购买每升 1 欧元的瓶装水）。

水伦理的辩论类似于过去四个世纪于微观金融界内的讨论。1492 年在意大利开办首家机构当铺之后，随后在教会中引发了长达 50 年的争论，多明我会和方济各会争议的问题是此类行业借款给穷人而收取利益是否正当。1515 年，拉特兰议会和良十世主教一锤定音：让穷人支付利息是正当的，但利率必须合理。

四个世纪以来，微观金融界一直在讨论利率问题，可以给水领域带来启示，有助于脱离柏拉图的洞穴，而为尽可能最多的人供水。

11

水有成本吗？如果有成本，那么是什么成本？
七个论题

伯努瓦·吉拉尔丹 (Benoît Girardin)

1. 水没有价格。[26]这是一种公共产品。空气和风也是公共产品。即使如此，特定的水与其他的水，质量并不相同。

2. 为水附加一项成本的操作是泉水收集和保护、海水淡化、用水前处理、净化、运输和配送、废水处理和废水回收。这些成本来自于基础设施的运营和维护，更不必说研发成本，以及因水利用和配送相关的洪水和侵蚀风险而购买保险的成本。

3. 在一段时期内，资源的利用存在垄断和特权，在此期间，其他有需求的用户从其他地方获得水，这样的水应有一个

---

[26] 伯努瓦·吉拉尔丹（Benoît Girardin）在一所大学机构日内瓦外交和国际关系学院讲授伦理和国际政治。他具有丰富的国际经验，曾负责在喀麦隆、巴基斯坦和罗马尼亚的瑞士发展合作项目，随后负责评估，最后出任瑞士驻马达加斯加大使。退休之后，他于 2011 年至 2015 年受邀到卢旺达的一所私立学术机构任职，1977 年获得日内瓦大学的神学博士学位。

价格。支付水价之后，受害群体和缺水群体应可以从遥远的水源地获得水。在此方面而言，补偿是公平的。

4. 水成为一种稀缺商品，将会征收一种"稀缺资源税"，减少供水的滥用，降低供水系统内的浪费和损失，抑制挥霍和不合理用水。

5. 水价必须反映出其真实成本，不能遗漏相关或隐藏的成本。否则，将会鼓励浪费。社会和环境成本不能简单外化。长期给予补贴时，可能产生不利影响，总体而言却有益于富人和公共用户。成本透明性要求至关重要。

6. 水价的伦理要求揭示所有部分的成本，甚至是隐藏成本，尽可能接近真实成本，避免定价过高和产生不公平利润。本地社区的职权范围应根据这一实践而确定。

7. 其他伦理要求：

- 弱势群体的公平用水和配送；

- 负责任消费，推动资源的可持续性及其再生，以及有效配送，使得漏水最少化；

- 在一个流域范围内，上下游各方，即国家和居民的互惠责任，并在沿岸协定内清楚规定相互权利和风险，即水量和水质（污染…），以及水的再生和保护；

- 保护蓄水层的责任，若蓄水层受到污染，可能是永久性的。

运营影响

- "所有者"一词并不适合描述泉水、蓄水层和河流所在领土内社区和单个家庭的地位。"管理人"似乎可更加适合。

- 社区、公共实体，或者通过一个公共服务分包合同作为分包商的私人公司可以使用泉水、蓄水层和河流。

- 一项运营租赁可以要求沿岸社区承担负责任、可持续性和服务的义务：质量、价格、维修、维护。运营期限和水量应设定限制。

- 长期租赁鼓励可持续性管理，激励改进，避免松散的维护或者甚至全额永久拨款。

- 运营和配送合同必须清楚规定废水和污水的处理责任：净化、污染后的清洁、排放、回收和重新利用等等。

- "真实"成本包括全链条范围内的所有真实总成本，从取水到回收及再利用。不得减少研发成本、投资风险和事故损坏风险（洪水和侵蚀）。似乎可以接受适当比例的利润率。

- 必须确保透明和固定的成本。

未决问题

- 如何避免不充分的维护以及鼓励专业和公平的维护？如何避免社区和运营商之间权力不平衡的缺陷？

12

水的成本与价格 —特定城市和国家之间交叉比较所得之经验教训

伯努瓦·吉拉尔丹 (Benoît Girardin)

目的

本论文的目标是尽可能讨论从取水到排污全过程链条的供水成本，以及讨论水成本的重要组成部分。[27]本文选择的案例遍布五大洲，但是特别选择了可以获得详细资料的地方，这有助于认识成本的多样性，成本计算的多样性以及成本构成相对规模的多样性。在承担费用的方式上，向用户收费的地方与公共预算涵盖基础设施或者甚至基本需求的地方，则有所不同。实际上，本分析已复杂化，因为有些方面不愿意提供详细的计算方法，至少缺少一定的透明度。

---

[27] 作者简介参见编著者名单。

序言

评价水生产和供给及排污的真实成本，并不是想象得那么容易。许多成本计算没有具体说明从取水到收集、储存、清洁、配送、基础设施的维护和扩建、泄漏最少化，以及排污、回复和重新利用等每个环节的真实成本，例如，在约旦（Jordan）或加尔各答（Calcutta），排污成本就没有计算在内。在绝大多数国家，诸如水坝、水库等重要基础设施由国家预算拨款，而运营和维护成本则由运营商向用户收取。在其他地方，公私合营的细节并未公开，或者只是部分公开。各环节之间的灰色地带过大。

众多文献讨论成本，则谈到收费标准、水费和水价。许多数据所称之成本，实际上是费率、费用或收费标准。绝大多数水供应商混淆成本和价格，或者强调收费标准。即使收费结构不同，通常都是尽可能使得供水具有可持续性，而不会损害各人群的费用承担能力。农业、灌溉以及公共用水的收费标准一般较低，工业用水则低四分之一，家庭用水则高一半。这使得我们几乎不可能获得真实的成本。

家用基本用水需求的费用也是空白，在香港，每月前 12 立方米的用水是免费的，在德班（Durban），前 6 立方米用水供贫困人群免费使用或更便宜，就像美国，用水低于 22.7 立方米（20000 美国加仑）则收费更便宜。诸如比利时、约旦、阿拉伯联合酋长国采用了四阶梯收费方案，令低收入人群受益。约旦和阿拉伯联合酋长国对侨民的收费标准高于本国国民。[28]耗水越多，则收费越高。在爱尔兰，水是免费的，成本由一般性税收承担。水价的不同致使成本评估更加困难。

众多成本差异与年降水量、集水盆地的大小、水质、地下水的利用、输水管的总长度以及水网的规模相关。但是，关乎于健康的水质量，保持水压及水压的中断，也都需要成本。水管泄露的成本也悄悄反映在水费账单之上。管理和监管没有同等的良好表现。在许多情况下，成本分配与成本分类也不相符合。[29]这必定令成本比较不太轻松。

成本比较

本节之目的不是在国际层面对各城市和各公司进行排名。为了发现差异和提高管理效率、质量和覆盖面，在国家或区域层面进行排名，尤具意义。本节呈现的数据反映了水的消费。尽管在网络上

---

[28] 在香港，每一季度的前 12 立方米用水是免费的，随后的 31 立方米收费为每立方米 4.16 港元，接着的 19 立方米收费为每立方米 6.45 港元，超过 62 立方米的部分，则每立方米收费 9.05 港元，参见香港水务署。在比利时，下述是截至 2014 年以欧元计价的水价：每年用水从 0 立方米到 15 立方米：每立方米 2.06 欧元；从 16 立方米到 30 立方米：每立方米 3.68 欧元；从 31 立方米到 60 立方米，每立方米 5.44 欧元；超过 60 立方米的部分，每立方米 7.95 欧元。

[29] Griffin Ronald C. *Water Resources Economics. The Analysis of Scarcity, Policies and Projects, p.* 240 ff2.

收集了五大洲的数据，但是美国、欧洲和太平洋的数据更加详细，因此，可以对这些地方进行深入分析。[30]关于美国，既研究了大城市，而且可以获得密歇根州小城镇和小县的细节。对欧洲的研究以及新西兰奥克兰（Auckland）的特定研究解释了其具有的某种优势。

本节所列之数据收集于关于这方面的若干报告。水费数据是每个国家的每立方米平均数。1998 年，柏林的生态研究所（Ecologic Institute）发布了欧盟各国价格对比的首个报告。[31]2008 年，国际水务智库（Global Water Intelligence）为经济合作与发展组织（OECD）进行了一项调查研究，范围涉及 35 个国家，于 2010 年发布了一项报告。[32]2018 年在柏林召开的水会上，思维特管理咨询机构（Civity Management Consultant）呈交了一项研究，其不仅关注于成本，还关注于与服务质量和购买力平价的收费标准。

---

[30] See yearly data provided by the Michigan Municipal Treasurers' Association: www.mmta-mi.org/stories/water-and-sewer-cost

[31] Kraemer, A., Piotrowski, R & Kipfer A.(eds)., *Comparison of water prices in Europe - summary report. Vergleich der Trinkwasserpreise im europäischen Rahmen*, Berlin, Ecologic 1998. So far Switzerland (CH) is concerned, see Baranzini A., Faust A-K & Maradan D. *Water Supply Costs and Performance of Water Utilities: Evidence from Switzerland* 2010

[32] OECD 2010 "Water pricing in OECD countries: state of play" in *Pricing Water Resources and Waster Sanitation Services*, p. 45.

表1：欧洲8个国家每立方米（1000升或1公升）的平均价格[33]

	西班牙	瑞典	法国	荷兰	德国	丹麦	波兰	瑞士
1998	DM 0.40		DM2.00	DM2.70	DM2.85	DM0.80		
2008	USD1.92	USD3.59	USD3.74			USD6.70	USD2.12	USD*0.63-4.93
2010	€ 1.60	€ 2.70	€ 2.92	€ 3.90	€ 5.10	€ 5.60	€	
2018 / 购买力平价			€ 1.96 / 2.07	€ 1.55 / 1.55	€ 1.99 / 2.02		€ 1.86 / 2.16	

[33] Bergamin, J. 2007 *La tarification de l'eau en Suisse romande*, Genève, Cahiers ACME 2007/1.

[34] Friederike Lauruschkus, Civity Management Consultants, Comparisons of European water prices, Our Future Water, Berlin Conference Nov 2018: figures refer to covering cost per m^3, yearly cost per head at purchasing power parity (ppp). https://civity.de/en/news/.../comparison-of-european-water-prices/

- 2008 年经济合作与发展组织调查研究反映的每立方米价格，包括供水和卫生设施。

- 2018 年涵盖水和卫生设施以及公共拨款补充之后的每立方米成本；1 € =CHF 1.5(2010 年），1.2 （2018 年）。

表 2：美国每立方米水的平约价格（美元）：五大城市和密歇根各市。供水（W）或供水及排水（W&S）的收费标准

	美国平均	亚特兰大	底特律	洛杉矶	纽约	华盛顿特区	密歇根格朗维尔市（最低）	密歇根尼戈尼（最高）
2013W&S	3.18	5.88	0.71	2.57	5.61	3.62	0.94	6.76
2018W	1.56	1.93	1.14	2.09	1.34			

2013 年博莱克威奇（Black and Veatch）收集水和废水的数据是每月消耗 3,750 美国加仑（=14.195 立方米）。蓝圈（Blue Circle）在 2018 年收集的数据不包括排水。

美国水协会"蓝圈"在 2010 年对美国五大城市进行了比较，可以看到费率和降水程度或水源丰富地远近的直接关系，以及降水与耗水的反向联系。五大湖地区的收费标准按预期最低，而加利福尼亚的收费标准更高，而且人均耗水也相应较高。

表 *3:* 中东、亚洲、太平洋、非洲和南美每立方米平均价格（以美元计价）。供水收费标准（W）或供水与排水收费标准（W&S）

| 阿拉伯联合酋长国阿布迪拜* | 约旦安曼 | 印度/孟买** | | 新加坡 | 香港*** | 奥克兰 | 布里斯班价格 | 达累斯萨拉姆 | 圣保罗 |
		贫民区	城市						
2018	2015	2016	2008	2012	2017	2018	2018	2008	2008
0.58-0.71 2.14-2.84	1.56-8.91-	6-9	0.09	1.88	0.63	2.09-3.61[35]	2.915	0.46	1.45
W	W&S	W	W&S	W&S	W&S	W&S	W&S	W&S	W&S

在阿拉伯联合酋长国和约旦，国民和侨民的收费标准各不相同；他们都考虑了地理区域，用水类型（居民、工业和农业）和用水量。本表数据均包括国民和侨民。其采用了阶梯收费模式，鼓励节约资源。

**印度的数据反映了孟买贫民区的费率，是向用户开具的发票金额，而非成本。家庭用水支付的水价高于使用公共供水系统的家庭支付水价的 5-6 倍，每立方米 1000 升 Rs 350=USD 0.05。美国国际开发署(USAID)&安全用水网络，城市贫困人群的饮用水供给：2016 年孟买。*

***季度用水计算相当于 60 立方米和排水 30 立方米。*

　　因此，水价从每立方米几欧分到 5 欧元，在少数情况下，特别是以容器、桶或水车售水时，价格甚至更高。在干旱和低收入国家，供水的补贴较高，可能 60%的水可能用于灌溉。由于不能随时

---

[35] 废水的收费，或是每年收费 148 美元，或者按排放的每 1000 升或 1 立方米收费 USD1.78。

常规供水，用户须求助于水供应商。在约旦，水供商出售的每立方米水价高于市政管道供水的 30%到 50%。在孟买，则高 100%。

若成本比较要反映有效成本，计算时应考虑本地的购买力平价。为什么不能参考类似于麦克唐纳指数（MacDonald Index）之类的某些方法，或以本地购买的一瓶苏打水，参考这些价格因此来评估当地的水费标准。

每个国家的收费结构各不相同，但基本而言，农业用水收费都是最低的，工业用水在下四分位值，而淡水价格最高。绝大多数国家均未采用全成本回收政策，而确保价格可以负担具有优先地位。基础设施成本通常由公共预算负担。

令人感到兴趣的是，水的稀缺性推动了农业用水价格的提高，并鼓励工业使用回收水。

排污成本与供水和配送的比较，也反映出了惊人的差异。

表 4：特定国家各城市的供水/排污成本比率

	巴西圣保罗	新加坡	新西兰奥克兰	法国平均	加拿大安大略	美国50个大城市	瑞士	
							日内瓦	洛桑
	2006	2012	2019	2014	1999	2013	2006	2017
供水	50.3%	68.4%	36.9%	51.5%	62.6%	42.5%	48.85	56.5%
排污	49.7%	31.6%	63.1%	48.5%	37.4%	57.5%	51.2%	43.5%

50 个大型城市水/废水率调查。布莱克&威奇 2012/2013 报告；奥克兰资产管理计划 2018-2038，P100。在某些城市，雨水费增加几个点包括在水费账单之内。

初步经验教训

根据上述数据和表格，可以得出某些经验教训：

- 降水区域，大型盆地对取水存在重大影响

- 地理条件：平原和丘陵地区；距离水源地遥远；水源地的水质

- 海水淡化成本或膜滤器都是高成本的操作方式

- 雨水和用水管道分离成本高昂，但有回收利用

- 日常监控管道泄露有助于大规模降低成本

- 排污成本往往高于供水成本；应包括在水费账单之中

- 维护成本通常接近直接供水成本

- 水的定价与用水量呈指数关系，有利用节水和解决资源的稀缺性问题

- 实际全成本通常受到低估，水费不能涵盖全部成本

- 基础设施更新和扩建成本往往超过供水和管理成本

- 农业和工业用水收费更高应是节水用水的促进因素：滴灌、回收利用废水、淡水和回收炎相分离

进一步工作：评测和精算详细的成本明细，从而获得实际成本

本文建议的方案可以用作一种研究工具。如果有详细的数据，成本明细可以使得地方、区域和国际层面的比较变得容易。通过比较，可以突出高成本的方面，也需要合理解释特定地理条件以及探索的有效降本措施。

成本需要平衡折旧年限及用户与公共预算之间的成本分担。本文的论点是指需要详细评估成本的每一部分，即绝对金额和百分比。雨水引起的损害风险也需要予以考虑。下列数据只是根据特定案例的访谈及研究互联网而得出的广泛和粗略估测。要点均具有指示性意义。成本承担公式的多样性证明了地方、区域和国家政策的选择。

供水和卫生设施成本明细	投资寿命和年限	支出总额百分比	成本分担公式	
			用户	公共
集水和供水		**20-40%**		
-水源、集水区保护	80-100		0-30	100-70
-泵水	30-50		30-70	70-30
-抽水或收集			30-70	70-30
-储水设施，水库	50		0-30	100-30
-过滤设施	10		30-80	70-20
-处理	20		50-100	50-0
-资源保护			0-30	100-70
-人力成本			70-100	30-0
配送		15-30%		
-主体、局部和扩建水网、	50-80		0-40	100-60
-局部水网和扩建	50-80		40-80	60-20

−水网的维护和更新			80-100	20-0
−压力和水流作业	30-50		20-80	80-20
−人力成本			90-100	10-0
−泄漏侦测、维修和损失管理			20-80	80-20
卫生设施		**20-50%**		
−排污、回收厂基础设施	40-50		0-20	100-00
−基础设施：集水管道	80		0-50	100-50
−排污厂营运			40-100	60-0
废水回收利用。回收再利用			0-60	100-40
−人力成本				
行政管理		**20-30%**		
−用水计量	15-30		100	0
−用户组特别账单			100	0
−开具账单、提醒			100	0
−记账、计划			100	0
−信息、通讯、和数据统计			100	0
−研究与开发			0-20	100-80
−战略，收费结构设定。增长			100	
−人力成本			100	
财务成本		**10-20%**		
−覆盖风险、风暴和灾难的保险		1-3%	0-70	0-30
−税收			100	
−折旧		10-15%	0-80	0-40
−债务服务		10-15%	0-80	0-50

来源：洛桑水务署 2019；6 月

参考文献

文献

Black & Veatch, 2015. 50 Largest Cities Water/Wastewater Rate SurveyCircle of Blue Annual Survey of Water Rates in USA: https://www.circleofblue.org/waterpricing/

Global Water Intelligence. Survey 2012; survey: https://www.globalwaterintel.com/products-andservices/market-research-reportsOECD 2010 "Water pricing in OECD countries: state of play" in Pricing Water Resources and Waster Sanitation Services, OECD Publishing, Ch. 2, pp. 33-62; https://read.oecd-ilibrary.org/environment/pricing-waterresources-and-water-and-sanitation-services/water-pricing-inoecd-countries-state-of-play_9789264083608-5-en#(consulted on June 16, 2019)

分析

American Water Works Association, 2000. Principles of Water Rates, ees, and Charges. Vol. 1.

Burtin Cl., Destandau F. & Tsanga Tabi M., 2011. « Connaissance et maitrise des coûts dans le secteur de l'eau potable et de l'assainissement » in Bouleau, G. and Guérin-Schneider, L.(eds.), Des tuyaux et des hommes. Paris, ed. Quae, pp. 67-81.

Conca K. & Weinthal E. eds. 2018. The Oxford Handbook of Water Politics and Policy, Oxford University Press

Crocker J. & Bartram J. 2014. "Comparison and Cost Analysis of Drinking Water Quality Monitoring Requirements versus Practice in Seven Developing Countries", International Journal of Environmental Research and Public Health, 11/7, pp. 7333-7346.

Dinar A. & Schwabe K. 2015. Handbook of Water Economics, Cheltenham UK– Northampton MA USA

Griffin Ronald C., 2016. Water Resources Economics: The Analysis of Scarcity, Policies and Projects, Cambridge Mass and London UK, MIT Press, 2nd edition.

International Journal of Water Resources Development 1984 – Kraemer, Andreas, & R. Piotrowski.1998. Comparison of water prices in Europe – summary report. Berlin: Ecologic.

OECD, 2015, OECD Principles on Water Governance, Paris.

Renzetti, S. 1999. "Municipal water supply and sewage treatment: costs, prices, and distortions." Canadian Journal of Economics: 32/3, pp. 688- 704.

Salomaa, Eila & Watkins, Gary, 2011. "Environmental performance and compliance costs for industrial wastewater treatment – an international comparison"，Sustainable Development, 19/5, pp. 325-336.

机构

Alliance for Water Efficiency: www.AllianceforWater Efficiency.org.

American Water Works Association. https:/www.awwa.org/

European Environment Agency: https://www.eea.europa.eu/ International Water Association: https://iwa-network.org/

Financing Sustainable Water Project: www.financingsustainablewater.org/

International Benchmarking Network for Water and Sanitation Utilities: https://www.ib-net.org/

The European Federation of National Water Supply Associations: ww.eureau.org

13

开发新的融资模式，促进饮用水和卫生设施的获得

朱莉娅·贝特雷（Julia Bertret）

目前，全球 10 亿人无法获得饮用水以及 25 亿人无法获得卫生设施而生活。[36]联合国 193 个成员国致力于实现可持续发展议程目标 6（SDG6）的获得饮用水和卫生设施目标。根据世界银行最近的估计表明，若要在 2030 年实现这一目标，则需投资超过 1.7 万亿美元。然而，当前的资金是 4200 亿美元，只有目标金额的四分之一。这意味着必须筹集 1.28 万亿，才能实现可持续发展目标。

---

[36] 朱莉娅·贝特雷（Julia Bertret）拥有法国巴黎高等商学院企业创业学硕士学位的环境工程师。她在环境战略咨询开始职业生涯之后，负责管理威立雅（Veolia）的开放式创新部门。自 2017 年以来，朱莉娅致力于创建 fWE 公司，旨在为环境相关的基础设施建设提供融资新模式，加快生态转型。

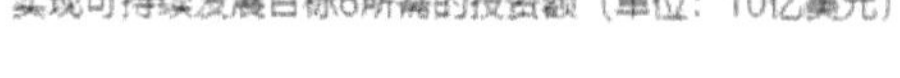

来源：世界银行

为了融资解决这一缺额问题，首先需要理解水行业现在如何融资。

在发展中国家，水行业的投资主要是国家、双方或多边开发银行的政府贷款和优惠贷款。全球开发资金相当于 1300 亿元，不仅包括水相关的投资，还包括其他开发行业，因此不足以弥补所需 1.7 万亿之差额。

全球经济的价值为 100 万亿。因此，让私营行业参与水相关的融资，似乎是实现可持续发展目标唯一可持续的途径。不幸的是，新兴国家目前这类行业的私人银行家相当之少，因为水被认为是一个高风险和无利润的行业。

水的融资如何可以充分吸引私人投资者？

如前所述，现在已经筹集了四分之一的资金，主要来自于开发银行和政府，还有一小部分来自于慈善基金会。与其使用贷款和拨款的融资资源去执行数量有限制项目，为何不利用公共资金推动消除当前私人投资存在的壁垒呢？这种理念被称之为混合金融。这是指"战略性运用开发资金和慈善基金，动员私人资本流入新兴和前沿市场"。慈善和公共资金可以利用多种工具减少私人融资人的风险，或增加其回报，包括开发基金、担保、储备基金和无息贷款。因此，慈善或公共资金的贡献可以表现为多种形式，这取决于一个项目的需求。

案例研究：约旦阿诗玛（As-Samra）废水处理厂扩建的混合融资

地点：约旦阿曼和扎尔卡

背景

约旦是世界最缺水的国家之一。人均可用水资源已经减少至155 立方米，远远低于严重缺水标准的 500 立方米。此外，约旦的人口增加迅猛，而且大量难民流入，导致需求急剧膨胀。这给供水基础设施带来了巨大的压力。尤其是，阿斯-萨姆拉（As-Samra）废水处理厂最初设计是为安曼 230 万居民进行废水处理，其在2008 年几乎达到了其最大处理能力。

因此，约旦政府决定扩建水厂，同时进行升级，使其水厂的废水可用于农业，而将淡水供居民所用。然而，这个项目耗资不菲，约旦无力承担。约旦政府试图通过银行贷款而获得私人融资，但未获成功。

混合金融模式

鉴于项目成本高达 2.23 亿美元，约旦水利和灌溉部决定通过建设-运营-转让（BOT）合同来融资。根据 BOT 合同框架，约旦政府授权各私人公司提供资金建设和运营项目。约旦政府批准各私人公司在特定时期内进行商业运营，最后将设施转让给政府。因此，由苏伊士公司牵头的私人公司财团设立一个特殊目的公司（SPV），吸引私人投资者提供资金。同时采用了一种多渠道混合融资方案：

- 一家美国开发银行千禧挑战公司（Millennium Challenge Corporation）为扩建工程提供 9300 万美元的贷款

- 约旦政府出资 2000 万美元

- 约旦水利和灌溉部的储备基金提供付款担保，而约旦财政部为水利灌溉部提供担保

混合金融方案降低了项目成本，在限制风险的同时提高利润率。

特殊目的公司提供剩余的 1.1 亿美元，其中包括约旦多家本地银行和阿拉伯银行安排的其他金融机构组成财团提供的 1.02 亿美元商业债务。其余 800 万美元由参股财团出资。

图 1：投资合同模式。来源：世界银行

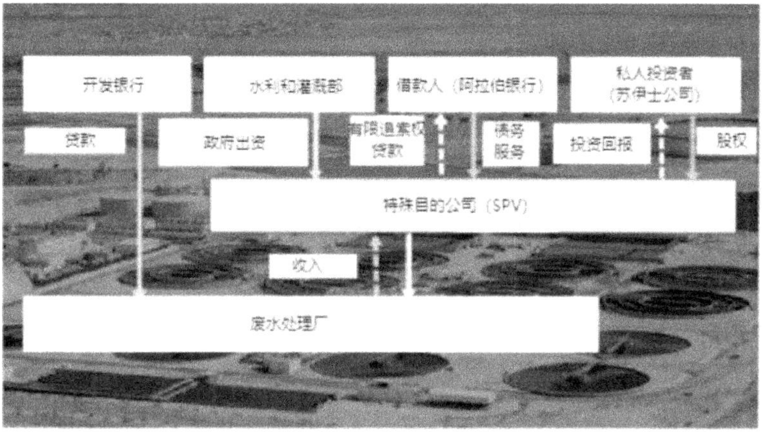

成果

这种模式有可能获得资金，将水厂的处理能力提高 40%。升级工程也使得处理过的废水用于灌溉，节省淡水供 200 多万人家用。

结论

公共出资和开发贷款有可能吸引私人金融机构参加本项目，没有他们，这个项目无法见到曙光。对于私人参与者而言，风险和回报是可持续的。对于约旦，这有助于解决其无法独立应对且与民众攸关的重要问题。

这种模式可以适用于世界上的众多项目，特别是新兴国家的项目。我们 few 相信推广这种模式，乃是解决全球水危机的一个关键。得益于我们在水行业和投资方面的双重专业知识，我们给自己设定的使命是支持地方当局和企业建立水相关基础设施的外包管理模式。我们为客户的每一个项目开发和设计最佳解决方案，识别与项目有关的利益干系人（开发银行、私人投资者、水机构和设计、采购和建造（EPC）总承包商），然后提供持续支持，直到项目有效完成和运营。

更多信息请访问：http://waterassetdeveloper.com.

14

"污染者付费"原则在水管理中的作用和范围

安妮·珀蒂皮埃尔·索万（Anne Petitpierre-Sauvain）

污染者付费原则

"污染者付费"是一种因果关系原则，要求环境受损的成本应由损害的责任者，即污染者承担。该等成本不仅包括恢复和清洁成本，而且包括防止尔后进一步损害的成本，只有如此，方可实现这一原则的目的。因此，也应由潜在污染者支付预防成本。

"污染者付费"原则适用于所有外部成本或"外化成本"（即因环境损害导致的社会成本）。这要求防止和减少环境损害的成本以及承担污染者责任相关适当措施的成本内在化。这也表明，征收鼓励性税收，既可提供涵盖环境保护成本所需的资源，也可以呈现产品和服务的真实成本，因而其具有信息性和教育性功能。

在国际法上，污染者付费原则首次出现在 1972 年 5 月 26 日经济合作与发展组织第 C(72)128 号建议案《关于环境政策的国际经济指导原则》以及 1974 年 11 月 14 日第 C（74）223 号建议案《关于污染者付费原则》。在更广泛的背景之下，该原则还被纳入《里奥宣言》的第 16 项原则。

污染者付费原则和用水

关于水价的问题

水应有价格吗？如果有价格，是否应符合成本的"内化"？

- 减去其他水服务的成本？

- 供水基础设施的成本？

- 废水排放和处理的成本？

水生产和消费链条中的何人应支付水相关的成本？

用水权（水作为必需商品）是否不支持支付水价，即使适用污染者付费原则？

用水权是否包含污染权？如果包含，界限在哪里？

公共水务机构是否应遵循水所形成的人权？谁应为此而付费？

污染者付费原则和责任

关于水利用的问题

- 是否应禁止某些水的利用（过度污染）。

- 基于由此产生的水处理成本？

- 基于对水质量的影响类型（危害生物多样性）？

基于对水可得性的影响类型（对其他用户权利的不利影响）？

如果允许所有水的利用类型，成本应如何分配？

- 基于用水量（成本的内化）？

- 基于第三方权利（责任）？

是否可能存在一个竞争性的水市场？

- 如果不存在，应如何管理水的分配？

- 如果不存在，谁应支付水的成本？

和平伦理：管理利益冲突和用水者之间的冲突

15

国际水利政治：约旦河和尼罗河的水外交经验

马克·泽图恩（Mark Zeitoun）

水外交需要改善

坚实的分析和水共享的客观标准有利于水外交。由于国际跨界水冲突因自然分布而产生，其非常符合拉斯威尔的政治定义："谁决定谁能得到什么？何时得到？如何得到？"本文总结了两条河的外交经验，其通常被认为具有合作性，但水共享也极不对称性：尼罗河和约旦河。界定不当的部分原因在于使用不适当的分析工具，尤为重要的是缺乏客观标准。本文认为分析工具不足的问题，可以通过应用解释权力不对称的工具，以及实现冲突和合作共存，而予以改善。本文也讨论了国际水法作为外交手段的潜力和局限性。

约旦河和尼罗河的权力、冲突与合作共存

绝大多数跨界水冲突的分析依赖于风险盆地（BAR）事件强度测量表[37]（Wolf, Yoffe and Giordano 2003）。这一工具假设水的冲突和合作处于某一范围的相反两端，通常利用了跨界淡水争议数据库（TFDD 2008）的数据。最近对其的批评是关于数据库的质量（Kalbhenn and Bernaeur 即将出版文献），风险盆地事件强度曾强调压倒性多数的国际水事件具有"合作性"，因此有助于排除关于存在水战争的媒体炒作。

综合运用风险盆地和定量方法具有众多缺点，不利于实现分析的效用，然而：往往轻视非暴力水冲突的重要性，忽视政治和历史背景，也许最为重要的是，天真地假设各方是合作的（Zeitoun and Mirumachi 2008）。例如，运用风险盆地计算跨界水条约的数量，用以证明合作到达了顶峰，但是许多其他学者也发现其几无作用（Bernauer and Kalbhenn 2008）或者其目的具有强制性（Conca 2006；Zeitoun, Mirumachi and Warner 2011）。正如尼罗河和约旦河那样，有时，水条约乃是问题所在，建议跨界水冲突的分析人士特别关注此等"合作"的破坏性一面。

---

[37] 风险盆地强度已启发北美（Yoffe and Larson 2001；Dinar, et al. 2012）和欧洲（e.g. Brochmann 2012）进行大量计量经济学的研究，以此进一步分析水冲突。

所幸的是，另一种工具是美留町（Mirumachi，2007）的跨界水相互联系（TWINS），其以更为现实的方式解释国家之间关系。跨界水相互联系认可国家之间的冲突和合作可以共存（例如，技术人员共同收集数据，而政治家负责宣传），将风险盆地事件强度转化为一个矩阵。图 1 表明了 TWINS 矩阵及其应用于苏旦和埃及关于尼罗河的关系。

图 1：美留町的 TWINS 水冲突和合作矩阵，应用于苏丹和埃及（2008 年）一段时期内双边关系（摘自 Zeitoun and Mirumachi 2008：图 3）：

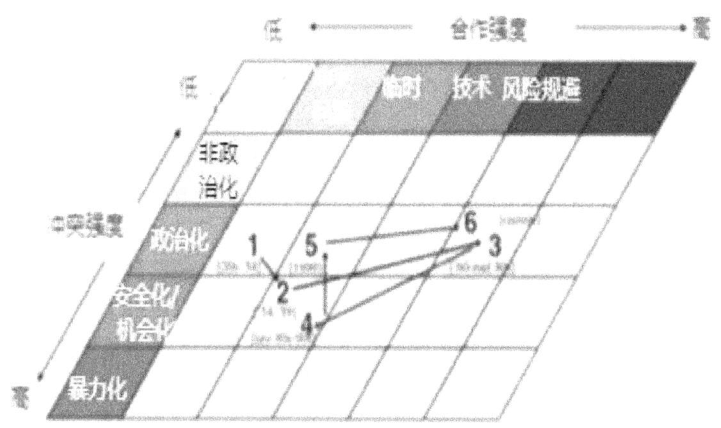

冲突与合作相互侵蚀，分析人士开始讨论某些参与者可能如何选择强调合作事件多于冲突事件，或者相反，通常选择反映政治利益的视角。例如，尼罗河盆地倡议计划（1990 年代-2010 年）期间，埃及和埃塞俄比亚之间的相互关系，从埃塞俄比亚（Mekonnen 2010）的视角来看，其具有冲突性，从埃及（Metawie 2004）或者

诸如世界银行等中间人的视角来看（Grey 2006），其具有合作性。后者对 1959 年的《尼罗河条约》只字未提，该条约约定尼罗河流量的最大份额归属于埃及（埃塞俄比亚一点也没有，谈判也没有涉及），而前者很快指出这份协定严重偏颇。双方国家各部长共同讨论数据收集和开发项目，至少对于更有权力的各方而言，这为其掩盖了尼罗河冲突的根源。而不愿批评的观察者可能由此思考技术合作事项多于政治冲突，从而忽视了"合作"的战略性、操作性和强制性方面。

跨界水参与者之间的此种权力不对称性是水外交家们必须考虑的另一个难题。例如，通过水利霸权的分析框架（Zeitoun and Warner 2006），证明拉斯威尔所言谁决定以及如何决定，从而突显"软"实力特别强大的影响力。学者们揭示了军事威胁（硬实力的软表达）可以支持表达软实力，诸如知识的建构、"制裁"的话语权以及签署倾向性条约。这样的效果，不只是维持水的不对称分配，而让弱势一方和国际调解人同意协议。例如，1995 年以色列和巴勒斯坦的《奥斯陆第二项协定》，盆地霸主以色列获得了流量分配的 90%-10%。巴勒斯坦解放组织（PLO）同意了协定，承诺巴勒斯坦方面自我执行协定的不平等条款，而且证明这是西岸和加沙水行业可持续发展的一个巨大障碍（世界银行 2009）。曾经堪为先驱，而且仍在持续运作的以色列和巴勒斯坦水联合委员会，现在成为以色列通过水谈判合法化实施定居点殖民项目的一个工具，从而声名狼藉（Selby 2013），这是一个"伪装合作而行霸权"的例子（Selby 2003）。巴勒斯坦同意协定，而又在委员会中据理力争，其原因在于以色列方面的强行施压，然而，水流的不对称分配乃是冲突之先兆，而国际外交界在任何若干还在进行的跨界水倡议中（Waslekar 2011; e.g., FOEME 2012b; FOEME 2012a）却鲜有提及此事（Zeitoun 2008）。

有效水外交仍是我们的难题。

国际水法指导公平的水共享

由此，旨在解决或改观跨界水冲突的外交努力必须考虑冲突和合作的共存以及软实力的影响力问题。即使存在正确的分析基础，然而，如果致力于一个共同的目标或公平水共享的措施，那么，外交努力也会有所裨益。国际水法为这一方面提供了一些机会。

国家对于水共享的权利主张基于领土主权（"哈蒙主义"）或"先在权利优先"（即国家对水想做什么即可以做什么，而不管下游之影响或以后谁还可能需要用水）。然而，通过国家实践的惯例，发展出了一种更具多边性的方法，并根据《1997 年联合国水道公约》（UNWC）。[38]该公约至关重要的条款规定了"公平和合理

---

[38] 国际水法包括联合国欧洲经济委员会（UNECE）的《水公约》（UNECE 1992）和《含水层条款草案》（UN ILC 2008）。

利用"的水共享，[39]其在建立资源主权而不尊重政治分界的意图与完全平等之间进行了妥协，但未考虑关于依赖水流的社会和实际现实（例如，数百万埃及农民在缺乏降雨的情况下，除了依靠地表水流，别无选择）。

与所有国际法一样，国际水法也存在恶意批评者，但其规定了"公平和合理利用"的目标，接近于调解人可能寻求的客观标准。荷兰林根达尔国际关系研究所关于水外交的报告（van Genderen and Rood 2011）着重强调了这一点，并呼吁需要遵循公平水共享准则的"中立经纪人"和企业家。国际水法进一步构建了一个法律框架，使讨论不再属于安全范畴，至少在理论上允许赋权民众实现环境正义。科学家和律师经过数十年共同思考，《联合国水道公约》的各项原则成为迈向"共同利益"（PCIJ 1929；ICJ 1997）和"共享主权"以及摒弃单边主义的一种清晰发展的概念。

众多具有影响力的国家普遍不愿意或抵制批准《联合国水道公约》（参见 McCaffrey 2007；Rieu-Clarke and Loures 2009），主要是从不对称现状中受益的国家，如盆地霸权（Woodhouse and Zeitoun 2008）。因此，在实施和规则指南及发展的"软法"属性方面，国际水法面临所有国际法相同的挑战。例如，期望《联合国水道法》纠正尼罗河和约旦河的不公平共享，必然不太现实，但值

---

[39] 《联合国水道公约》也列出了可以用于判定"公平和合理"权利的众多因素，包括人口规模、经济需求、历史利用、备用水资源的可得性等。

得注意的是，各个调解人或弱势国家在冲突解决方案中如何运用各项原则。而且，法律作为一种指导，协同运用其他水冲突解决方案（例如 Sadoff and Grey 2005；Phillips and Woodhouse 2010）可能证明更为有效。

结论—水外交可以改善

（1）在世界绝大多数盆地区域，权力不对称和冲突与合作共存可能是"无法改变的事实"，但不应产生破坏性影响和加剧紧张关系。外交努力可以基于综合此种现实以及在诸如水利霸权和跨界水相互联系等工作协助之下进行的批判性分析。这些分析已经用于尼罗河和约旦河的案例之中，用来解释权力不对称如何助力跨界水相互作用（积极或消极）的项目形象，以符合政治目的。鉴于水流的分配完全不公平和不合理，这些河流仍会继续出现紧张关系，从而影响难以确定的更广泛政治冲突，这是相当现实之事（例如参见DNI 2012）。

（2）国际水法助于解决冲突或转型努力的潜力取决于其号召"公平和合理"共享，但强势的参与者反对此种干涉，潜力得到了削弱。由于只有其他选项成为强势参与者无视且不受指导的政治功利主义方案，原则性方法仍然可以具有优先地位。

参考文献

Brochmann, Marit (2012). Signing River Treaties Does it Improve River Cooperation? International Interactions 38(2): 141 163.

Dinar, Ariel, Katz, David, De Stefano, Lucia and Blankspoor, Brian (2012). Climate Change, Conflict, and Cooperation: Global Analysis of the Resilience of International River Treaties to Increased Water Variability. Rethinking Climate Change, Conflict, and Security Conference, University of Sussex, 18-19 October 2012.

Kalbhenn, A. and Bernauer, T., 2012. International water cooperation and conflict: A new event dataset. Available at SSRN 2176609.

McCaffrey, Stephen (2007). The Law of International Watercourses. Oxford: Oxford University Press

Mirumachi, Naho (2007). "Fluxing Relations in Water History: Conceptualizing the range of relations in transboundary river basin". Pasts and Futures of Water: Proceedings from the 5th International Water History Association Conference, 13 17 June 2006, Tampere, Finland.

Rieu-Clarke, Alistair and Loures, Flavia Rocha (2009). Still not in force: Should States Support the 1997 UN Watercourses Convention? Review of European Community and International Environmental Law 18(2).

TFDD （2008）. Transboundary Freshwater Dispute Database.Corvallis, Oregon State University Institute for Water and Watersheds. http://www.transboundarywaters.orst.edu/database/.

Woodhouse, Melvin and Zeitoun, Mark （2008）. Hydro-Hegemony and International Water Law: Grappling with the Gaps. Water Policy 10(S2): 103 119.

World Bank （2009）. West Bank and Gaza: Assessment of Restrictions on Palestinian Water Sector Development Sector Note April 2009. Middle East and North Africa Region Sustainable Development. Report No. 47657-GZ Washington, The International Bank for Reconstruction and Development.

Zeitoun, Mark （2008）. Power and Water: The Hidden Politics of the Palestinian-Israeli Conflict. London: I.B. Tauris.

Zeitoun, Mark, Mirumachi, Naho and Warner, Jeroen （2011） "Transboundary water interaction II: Soft power underlying conflict and cooperation". International Environmental Agreements 11(2): 159 178.

16

水和战争：一个法律视角

玛拉·蒂尼诺 (Mara Tignino)

关于水相关冲突可能性的一个主要担忧是，其可以导致国家之间的武装冲突。战争可能呈现多种形式：国际武装冲突、国内暴力事件，或者占领一片领土。如果我们观察水、和平和国际安全的关系，可以发现水不仅是战略的一个触发性自然环境因素，而且是一种武器和一个军事目标，这个方面在研究水资源和武装冲突关系时通常被人忽视。如果一项争议是限制用水以及引发水资源的环境损害，则会威胁到所有人口的安全，致使重建受影响国家的和平需要更长的时间，过程也更为艰难。

国际人道主义法包含了武装冲突时保护水资源的重要规则。1977 年《1949 年 8 月 12 日日内瓦四公约关于保护国际性武装冲突受难者的附加议定书》和 1977 年《1949 年 8 月 12 日日内瓦四公约关于保护非国际性武装冲突受难者的附加议定书》规定了有义务不得攻击公民生存必不可少的目标，包括饮用水库；不得轰炸具有危险力量的设施，诸如水坝和堤坝；以及禁止引起"普遍、长期和严重的自然环境损害。"[40]然而，关于国际水道方面，这些标准建立的保护还是较为薄弱，如此而言，也算是适当的评价。特别是《第一议定书》的第 35.3 条和第 55 条涉及武装冲突时的环境保护，规定的条件难以满足。[41]

调整国际水道的国际法可以保护武装冲突期间的水资源。然而，与跨界水资源相关且规定武装冲突规则的文件并不多见。在区域能得到吗，只有 2000 年批准的《南部非洲发展共同体共享水道修订议定书》，成为这一地区的一项标准。

在全球层面，2014 年生效的《1997 年联合国国际水道非航行使用法公约》和 2008 年国际法委员会批准的《跨界含水层法条款》规定了有关武装冲突的条款。当发生武装冲突而执行这些文件时，条款的用语却又模糊不清。然而，实际实践分析表明，武装冲突相关各国考虑到了水道保护和管理法律的存在。多瑙河河流水情的案例实际上就是如此。

在前南斯拉夫的冲突期间，联合国安全理事会根据《联合国宪章》第七章行动，制裁南斯拉夫联邦共和国（塞尔维亚和黑山）。

---

[40] 《1949 年 8 月 12 日日内瓦四公约关于保护国际性武装冲突受难者第一附加议定书》第 35.3、54、55 和 56 条；和《1949 年 8 月 12 日日内瓦四公约关于保护非国际性武装冲突受难者第二附加议定书》第 14 和 15 条。

[41] See M. Tignino, 2011. L'eau et la guerre: éléments pour un régime juridique [Water and War: Elements of a Legal Regime], Geneva Academy of International Humanitarian Law and Human Rights, Brussels, Bruylant.

根据 1993 年第 820 号决议，联合国安全理事会确认，"在南斯拉夫联邦共和国注册"或者"由南斯拉夫联邦共和国境内或从该国对外营业的任何个人或机构持有过半数股权或控制股权[…]的一切船只均不许航经各会员国境内的设施，包括河流水闸或运河[…]。"[42]

根据《1948 年 8 月 18 日多瑙河航行制度公约》而设立了多瑙河委员会。在 1993 年至 1995 年期间，由于意识到联合国安全理事会制裁对于多瑙河自由航行造成的风险，多瑙河委员会强调让南斯拉夫船只参与铁门水闸维护工作的重要性。根据多瑙河委员会提交的资料，联合国安全理事会于 1995 年决定规定河流航行制裁之例外，允许南斯拉夫船只维修铁门水闸。[43]在维修施工期间，多瑙河委员会确保批准例外措施的执行符合联合国安理会的目标。[44]尽管二十世纪九十年代初发生前南斯拉夫武装冲突，《1948 年 8 月 18 日多瑙河航行制度公约》建立的航行制度依然有效。因此，在武装冲突期间，多瑙河委员会负责执行这一制度。国际人道主义法和国际水道法的强制执行强化对于这些水道的保护。遵循有关跨界水资源的法律文件有助于避免给其他沿岸国家造成重大损害的风险。正如国际法院所言，各个国家必须"确保自己管辖和控制区域的活动

---

[42] Resolution S/RES/820, par. 16.

[43] Resolution S/RES/992, par. 1.

[44] 同上，par.2.

尊重其他国家的环境［…］。"[45]国际水道法律文件的强制执行在履行这一国际法普遍义务方面发挥重要作用。

参考文献

McCaffrey, Stephen (2007). The Law of International Watercourses. Oxford: Oxford University Press.

---

[45] Legality of the Threat or Use of Nuclear Weapons, Advisory Opinion, I.C.J. Reports 1996, p. 226, par. 29.

17

巴钦沟的饮用水：大卫和巨人不可思议的对决

埃尔米纳·麦多 *(Hermine Meido)*

2006 年 10 月，有一些至亲好友相聚一处，我趁此便利在日内瓦召集了巴钦沟（Batchingou）—喀麦隆行动小组（GAB）代表大会。

其最初目标是改善喀麦隆西部村落巴钦沟的综合健康中心医疗质量。

传统当局自豪地热情欢迎我们的项目，所以没有理由不启动这个项目。2007 年 12 月 31 日，在巴钦沟的酋领处举行了大型典礼。贵族们聚集在村落里，负责为村里九处圣坛准备和奉献供品，他们不能忘了酋领祖先。

此后，巴钦沟—喀麦隆行动小组以完全平静的心态在这里展开了行动。

最初，我们培训了实验室助理以及两名护理助理，而且仍然按月支付工资。

为了加强员工培训，巴钦沟—喀麦隆行动小组邀请巴黎绽放青春协会（AGIR）的一名护士代表雅克·布芙昆-古托迪（Jacques Bufquin-Goutaud）数次来访。

在日内瓦，小组成员认为，若无饮用水，则无以保障健康。

幸运的是，我遇到了当时巴钦沟的村落咨询委员会主席让-米歇尔·耶普迪欧（Jean-Michel Yepdieu）。以通常之方式，他的团队已经研究了地形，确定了多博克山（Doubok Mountain）的泉水位置。首先编制了报告，并由适当机构签署，且呈送至喀麦隆的首都雅温德（Yaoundé），供参与式发展办公室批准。

尽管咨询委员会付出了努力，这个项目未得到批准。某种隐藏的反对力量阻止批准这个项目。我们不理解未批准的原因。

然而，由于让-米歇尔成为巴钦沟—喀麦隆行动小组的创始成员，负责集水项目的实施，这个项目得以往前推进。

随后，围绕这位纯朴而勇敢的男人，形成了核心的"土地的奉献之子"，于是启动了工作。我让巴钦沟—喀麦隆行动小组的成员来讲述年轻人以及没有那么年轻的人背负袋装水泥或钢条，攀登一公里以上的山地，建造地下储水罐。他们也会告诉艰辛而且有时危险的工作，包括凿石而安装管道或制作碎石，挖开干土，刨掉树根。一切都是手工作业。

与得到大量资金的其他水项目不同，我们只能依靠个人捐赠和会员费。然而，巴钦沟—喀麦隆行动小组仍然是一个非盈利协会，其每项决策均尊重国际标准。

然而，不仅是巴钦沟的重力输送集水项目没有利用公共预算，而且我们低微的协会承担了费用的支出，而这个协会的主要目标是改善巴钦沟民众的健康。

而且，我得知曾经是非洲力量之一的团结准则如何变成了机会主义准则，腐败更是推波助澜，令我代价惨重。在此意义上而言，推动形成普遍的认识，认可和尊重共同利益，任重而道远。

说到协会不追逐利益，这意味着其支持一个或以上人道主义项目，而不能追求个人之富裕。

然而，目前为止，我矛盾地意识到最富裕之人期望保留特权，包括巴钦沟非营利性分配饮用水的情况。

幸运的是，巴钦沟—喀麦隆行动小组可以越过这些障碍，进行自我改进，获得进步和加强自身。

尽管本项目最初仅限于八个水站，尽管我们的资源相当有限，巴钦沟—喀麦隆行动小组现在全村建设了 24 条储水管。有些相邻村落的村民甚至来到巴钦沟取用饮用水。

民众有几次展现了自己的决心，尤其是反对那些想要为独占饮用水而为己有的人。

如果情况允许的话，当地巴钦沟—喀麦隆行动小组成员将像他们已经所做的那样，继续维持他们的集水系统，承担他们的责任。由于他们全心相信这个项目的最后结果，从一开始就全力以赴投入。只凭这一点，他们值得每个人的尊重。

然而，没有什么是理所当然的。这就是我们开始致力于提升整个人群的意识，让人们负责维持水的分配系统。每个公民应在不久之后将来考虑参与的可能性，甚至在资金上支持水管、水龙头和系统其他零部件的维护和维修。

最后，在现有三个水泉的基础之上，我们必须再勘察发现一个新水泉。

去年的经验清晰地表明了这一点。几个月之前，喀麦隆经历了一次大热浪，水变得极端稀缺。其中一个后果是伤寒病和其他类型的热病肆虐。

关于健康中心而言，这还是我们的主要关切点，2014 年的感染性疾病会大幅减少。

我们也收到了民众的众多感谢。

总而言之，继续战斗

18

建造水坝的社会后果：有何责任？有何手段？

埃弗莉娜·里昂（Evelyne Lyons）

由于技术进展使得建造规模宏大的水坝成为可能，同时也引发了跨界生态和社会后果，现今的水坝尤具争议性。

水坝的问题提出了发展模式的问题，也许甚至涉及发展这个概念。一方面，水坝的建造强化了人类对河流的控制，而使人们更少地依赖于天然径流的变化（随着气候变化越来越不同）。另一方面，水坝的益处通常低于期望，而且产生了直接影响人群和环境的严重后果。水坝形成了上下游国家以及同一国家中央与地方政府之间的权力关系，而且对公正及和平管理变化的制度力量构成了挑战。

二十世纪六七十年代，随着南半球国家掀起了修建水坝的浪潮，（印度、美国、法国和其他各地）的科学家和众多民间社会团体日益反对。二十世纪九十年代末，世界水坝委员会（WCD）基于回顾性分析进行了一次重大审议，在 2000 年终出成果，形成了《水坝与发展报告》，提出了新的建议。其并没有否认水坝的有用性，而且未来也应建造更多此类设施，该报告列出了七个战略优先事项，并分解为 26 项建议，供规划新项目时予以考虑。

对于这些建议，存在各种各样的反应。许多政府出于国家最佳利益之原因，对于公众需要接受该等项目的原则，则予以反对。然而，某些要点逐渐得到适用，而且被金融机构的新标准文本或规范性文本所采用。例如，在世界银行集团，已经改进了银行的保障政策，包括了更好地告知受影响人群的规定，特别是在本地人群应对其政府时，改善对于前者的保护。经济和发展合作组织出口信贷机构已经采用了保护性的"常用方法"，但这些措施很大程度上受到保障政策的启发。关于私营公司的融资，国际金融公司发布了绩效标准，而大量银行采用的赤道原则也包括了这些绩效标准。这些原则特别规定了受害者可以求助的国际监察员制度。此外，绝大多数国家机构的国际援助规定了自己的标准，比南半球国家的标准更为严格，规制其可以资助项目的影响研究。然而，而新兴国家的资助，此种情况则较少。最终，国际水电协会与中国一同制订的水电坝新标准，[46]采用了国际水坝委员会的某些建议。

原则而言，保护其公民，包括因不可避免的损害而得到正当补偿的权利，乃是一个政府的责任。然而，包括国际层面在内的民间社会机构，很大程度上依赖于上述所列的各种手段减缓或停止修建

---

[46] 国际水电协会（IHA）的《水电可持续性评价规范》。

新的水坝。这必定是一个谈判的机会，从而更好地支持受影响的人群。目前与印度纳尔默达河（Narmada River）逐渐开发的示威主要是为了这个目的。国际水坝协会采用的方法，受影响社群的权利平等，被采纳作为行动的一般性原则，机会微乎其微。相反，包括系统性分析社会风险而前瞻性消除风险的新方法，前景广阔。

土耳其底格里斯河（Tigris River）伊里苏水坝（Ilisu Dam）遇到抗议的情况，表明欧洲连续发起反对运动，影响了此项目的融资，这首先由英国发起，随后瑞士、奥地利和德国跟进。现在，在中国的资助之下，土耳其政府继续实施这个项目。尽管土耳其国务委员会连续作出两项判决，裁决反对建设水坝，并可能将有着数千年悠久历史的哈桑凯伊夫市（Hasankeyf）列入联合国教科文组织世界遗产目录。

因此，水坝问题与民主密切相关。民主转型通常伴随着放弃水坝修筑项目（例如，缅甸）。然而，民间社会反对所有项目，通常只是减缓了项目的进程。在气候变化的背景之下，越来越需要更多的水坝和水库。开发援助和适应策略的界限在哪里呢？争议的条款也通常模糊不清。

治理伦理和水问题教育

19

跨界含水层的公平管理

伯努瓦・吉拉尔丹（Benoît Girardin）

背景

水道是在附近居民的万众瞩目之下流动，上下游沿河社区形成了实体上的不对称，而含水层的水，只有通过泉水和水泵才能获得。含水层的水流、储水以及水质更不容易观察。严格而言，其没有像河流那样的天然出口：泉水和钻井工程是给排水的出入点。

地球居民饮用的一半以上饮用水来自含水层；在欧洲，来自含水层的饮用水占到了四分之三。根据一些估计，地球地表的 47%覆盖着跨界含水层（Charrier 1997），因此，含水层非常重要。

许多含水层绵延多个国家，例如，巴西、阿根廷、乌拉圭和巴拉圭之间的瓜拉尼（Guarani）含水层，容量为 40,000 立方千米，且容量易于恢复；埃及、利比亚、苏丹和乍得之间的努比亚砂岩含水层；以及马里、尼日尔和尼日利亚之间的伊莱梅登（Iullemeden）含水层，但恢复容量不易。

距离日内瓦一箭之遥的地方，存在一个含水层，完全越过了法国和瑞士的政治边界，因此，属于一个跨界含水层。

这些含水层的过度利用成为了一个悲剧，尤其是种植灌溉作物的地区，诸如中国北部、美国南部和巴基斯坦及印度的旁遮普，这些地方的含水层自 1973 年以来下降了 10 米，严重加剧了土壤的盐度。自 1995 年以来，从伊莱梅登含水层抽的水超过了重新补充的水量，从而在干旱季节威胁到了尼日尔河。努比亚含水层也受到了利比亚和埃及的重大压力。日内瓦含水层则面临枯竭的威胁，因而努力推动达成限制采水以及系统性重注水以保护资源的协定。[47]

跨界含水层的一个特征是，可能在边境一侧抽水，而另一侧则在注水；抽取的水量可以隐瞒相当长的时间，而且没有意识到含水层受到了污染，或者污染者可能知道，但假装不知道。采取有效措施需要的时间可能相对较长，在意识到这个问题之前，已过了转折点。被抽空的含水层可能需要数十年才能重新填满，而净化受污染的地下水则极其困难而且代价高昂，因此只能放弃。在地表河流和湖泊，由于水位低或者污染迅速，污染的可能性更大。

这些地下储水即可认为具有战略优势，也可以认为存在潜在的危机。鉴于用水需求正在增加，由于钻孔的增多和技术的发展，含

---

[47] http://www.agu.org/journals/wr/wr1201/2011WR010562/.

水层面临的压力越来越大，最终跨界管理成为一个敏感问题，结果可能是走向冲突。

2008 年，联合国教科文组织列出和绘制了 273 处跨界含水层的地图，现在致力于制定国际认可的管理规则。这项任务应采用整体方法，识别出法律、惯例、社会经济、环境、科学和水文方面的内容。

规制跨界含水层利用方面，签署的国际协定微乎其微，这与跨界水道形成鲜明对比。法律文件和协定不足，表明对此现实问题的认识程度与其严重性不相匹配，而且利用的范围更难以界定。

传统的法律框架和协定已经考虑了（1）水泉或水井，因此将水认定为一种"商品"；[48]或（2）跨界矿脉或石油储量的开发，因此证明未能预想到跨界含水层的现实，也未能考虑水的流体性、移动性和可替代性。

---

[48] 例如，英国公法、法国民法典和西班牙法采用了公共含水层的理念。伊斯兰传统教法则更为开放，规定了饮水权、水生动物权和灌溉土地权，但也仅限于水井和水泉，而没有提及含水层。除了跨界水泉或水井的共同管理，20 世纪 50 年代，卢森堡和德国讨论在卢森堡修筑一座水坝可能给含水层带来后果时，第一次提到了跨界含水层。1978 年的法国和日内瓦签署的协定乃是首次聚焦含水层：抽水和重注：参见 de los Cobos G. 2015。

图2：水道或含水层图解

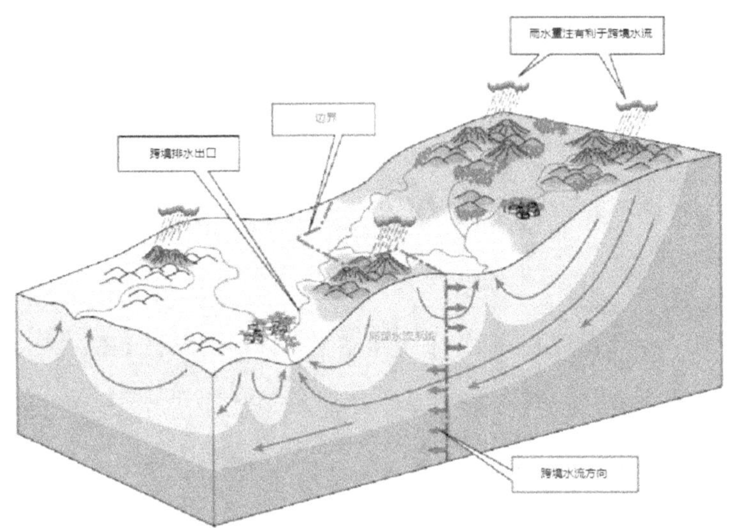

当然，并不是所有地理构造都是相同的。根据含水层和水道无论是否相连，根据地理位置不同，尤其是根据含水层是否封闭，因为只有含水层不封闭的情况下，才有可能重注和去污，导致含水层的类型也不一样。然而，本文之目的不是讨论这种复杂的细节。[49]

直到 1997 年，《联合国国际性非通航水道和湖泊利用法公约》才明确认可了地表水和地下水的相连。2008 年 12 月，联合国大会批准了联合国教科文组织制定的国际水文计划 19 条，联合国国际法委员会规定了管理跨界含水层的一个框架。值得注意的是，2010

---

[49] 尽管巴维里斯（Barberis）在 1986 年的联合国粮食与农业组织的研究中提出了四种类型的跨界含水层，2005 年，埃克斯坦（Ecktstein）对其中两种类型提出了异议，并增加了四种其他类型，共计达到六种类型，表明了水文情况及其法律意义的多样性，特别是在封闭和非封闭定义（是否与一个水文系统相连）以及根据抽水现场重注的能力及其位置。

年夏签署了关于瓜拉尼的一项协定。2007 年，根据相同的准则，重新拟定了日内瓦区域协定。

挑战和困境

第一个挑战是政治。主权国家管理了跨界含水层，"自然"倾向于采用一种单边方法，集中关注自己的领土和直接利益，而有效管理需要超越主权，或者承认主权具有界限，且应与相邻国家和未来世代共享。为了清楚地审视这个问题，提出了含水层所有权、撤回权、存取能力以及各个国家对于防止污染的义务和责任。当前管理和可持续管理、国家方法或国际方法、单一因素或整体方法，国家、区域或甚至市级政府的责任程度，以及国家所有人和国家作为管理资源并谨记可持续性的管理人之间，都存在着困境。绝对主权限制的另一个方面是有义务及时通报另一方。

实际上，国家责任仍然往往关注于国家领土。既然如此，跨界含水层标志着传统主权的限制，资源的主权限制理论超越了主权领土的界限。

第二个挑战是平等和合理分配水资源以及确定用水者的权利。当然，每一个国家均享有公平和合理利用含水层资源的权利：什么是"平等和合理"的标准，仍然有待厘定，也必须确定设立和监管权利的机构。"公平"是否应反映公众、工业或灌溉领域，或只是地区的需要，或者是每个国家领土下方蕴含的水量？这个困境关乎于团结的共享，例如，考虑到不太富裕农民和游牧民的用水，同时强调受到制裁或要求赔偿情况下的责任。什么是最合理？适当考虑未来和可持续性，人们也可以认为"合理"需要一定程度的节约用水，用水量不得超过重注水量。这种自我约束是否只能在一个国家内实现？

第三个挑战涉及资源本身、其利用以及质量，由于会发生污染，通过向下渗水或泵水可以完成重注，也可能会受渗透区的水坝建设影响。在发生过度利用或单边污染的情况下，如何以及尤其何时确定责任和进行补偿或赔偿？在此情况之下，这个困境关乎于有效、可持续和公平管理，同时遵循"污染者付费"原则。

第四个挑战是经济方面：取水和用水、重注含水层和监控质量与数量应支付何种价格？经验表明，零成本用水导致严重滥用，强势参与者知道利用昂贵的技术并予以运用，从而垄断水资源。

第五个挑战属于科学范畴：必须具备专业知识描述水位条件。含水层是否可以重注，是否封闭，是否可以垂直取水，是否易于盐化？还需要具备计量现有水量、抽水量、损失水量或浪费水量的能力，以及足够精确和迅速确定水质而避免无转回点的能力，最后，应具备面对污染风险区域的能力。另外需要准确和公平建立用水和污染责任的能力。这种科学专业能力也意味着与水资源重要性相称的迅速性或"高速性"。

第六个挑战是机构，有关于监管机构的地位、职责和权力。首先，需要迅速进行分析，需要采取行为要求在距离含水层区域尽可能近的地方实施管理，这意味着涉及市级政府，而不仅仅是中央政府。这是在 1996 年卡尔斯鲁厄（Karlsruhe）峰会上实现的突破。[50]其次，监管机关或机构必须专业、公正对待事实和高效。由于其意味着或者会施加惩罚，独立性必须无可争辩。这个困境关乎于监管机构的组成，具有专业性和忠诚性的相应融合，这种忠诚性是对一个国家和若干国家的忠诚。

正如我们所见，可持续性和效率性、共享责任和平等、团结和调解、潜在紧张关系的背景及和平与安全的威胁之间存在困境。

实施细节中的伦理问题

公正和适当的跨界含水层管理依赖于伦理参照框架。这种参照框架可能实现高效和充分的管理，更多详情也可以参考本人关于水治理的文章。

---

[50] 1996 年卡尔斯鲁厄协定分为两个重要阶段实施，第一阶段是 1980 年《领土社区或当局跨境合作的马德里公约》，第二阶段是 1992 年《跨境水道和国际湖泊保护和利用的赫尔辛基公约》。

在进行共同管理时，任何一方不得将单边条款强加给另一方，从而创造了和平建设的动力。相反，一方故意或容忍污染可以被视为宣示敌意。因此，承认国家主权具有多元性和限制性至关重要。这也成为含水层有效管理的必要条件。

协定和国际条约证明了伦理参照框架具有显著作用，如果我们根据已经签署或正在签署的条约数量逐渐增加来判断，这个框架得到了充分的认可。

根据法国–日内瓦含水层的跨界管理经验，[51]他们在 1978 年签署了第一个协定，涵盖了这个含水层，在 30 年后的 2007 年进行了重订，显然证明了伦理对于有效实施、评价和监控机制的重要性。通过这些经验，可以突显以下"细节"：

- 最初，根据主权原则，采用了单边管理方法，也就是两种平行的管理体系。每一方均认为，处理这个问题应更利于"自己的"纳税人。这种方法很快成为了短暂而不适当的方法。共享资源逐渐过渡到共同管理需要每一方同意因重叠利益而限制主权，以及存余资源不会减少的可持续性。

---

[51] 由于过度取水，超过了自然重注率，20 世纪 60 年代，日内瓦含水层的资源急剧减少，于是产生了通过跨界方法管理含水层的需求。在 20 年里，含水层的水位下降了 7 米，消耗了整个含水层的三分之一水量。

- 高效和密切合作管理的需求，尤其是紧急情况之下，推动了从 1978 年国家层面的协定[52]转变为运营机构之间的一项协定，建立了一个官方代表团框架。得益于耐心建立信任，联合和变化多样性得到了认可！

- 最终，通过共享信息和共同处理紧急事件，确立和巩固了双方的这种信任，则可以实现互惠的责任。评价、规划和监管程序具有双边性和透明性：共同确定标准和风险阈值，共同识别边境各侧的风险区域，由一方运营机构计量和计费边境两侧的抽水量和重新注量。技术上的可行性有利于政治互动，以科学为基础确立了客观性和公正性，以及强化了互信。

- 运营和重注成本的分配则基于公平，但也具有团结和平衡因素：公平是因为双方根据抽水量支付费用，团结则通过豁免法国方前 200 万立方米以及规定在瑞士方耗水大幅减少时的最高限价。[53]

---

[52] 1978 年，日内瓦共和国州和由上萨瓦省代表法兰西共和国签署了协定，双方地方政府机构授权运营机构于 2007 年签署了新协定取代了 1978 年的协定：分别是公共和独立的日内瓦水、能源和废水管理局（SIG）和阿纳马斯大城市区（ Communauté d'Agglomération de la Région d'Annemasse）。

[53] 这 200 万立方米反映了共同管理之前法国的耗水情况，通过自然水位重注可以补偿这个水量。

- 两项政策可以归纳为审慎和核查，平衡也是相称的。

- 从伦理角度而言，可以强调如下：

  与此同时，高效、有效和适当的管理是根植于责任、公平、可持续性和限制性的公正管理，而且利用详实而透明的可操作性措施予以实施，尤其相互负责。

- 信任的建立乃是一个渐进过程，相互性和国际性信任随着时间而增强；与这些过程相反的是，合作存在先决条件，需要满足某些必要前提。

- 重要参与者必须坐到一起，说出自己的利益和风险，理解另一方的利益、关切和担忧。

在世界上的许多地方，共享一个含水层的其他国家并不一定具有相同的制度能力和技术专业知识。强势国家会利用自己的优势，这种风险远没有消除。诉诸第三方，独立的多边和区域性机构从一开始就共同评估采取的措施和风险，这证明是明智之举。执行政策和可持续性战略，而且开展认知运动防止争议扩大，进行多领域的技术合作，这些都是非常有利的。这里需要再次确认公平、责任和可持续性，加之以团结，可以避免依赖性困境。这不能取代政治意志，但必然可以有助于政治意志更为适合和公正。

参考文献

Barberis J.A., "International Groundwater Resources Law" in: Food and Agricultural Organisation. Legislative Study 40, 1986.

Charrier Bertrand, Dinar Shlomi, and Hiniker Mike, "Water, conflict resolution and environmental sustainability in the Middle East," in Arid Lands vol. 44, 1998, p.1-10.

De los Cobos, Gabriel, 2010 "The Transboundary Aquifer of the Geneva Region (Switzerland and France): Successfully Managed for 30 years by the State of Geneva and France." in ISARM 2010 International Conference on Transboundary Aquifers: Challenges and new directions. Paris. 2010."

De los Cobos, Gabriel 2015 "A historical overview of Geneva's artificial recharge system and its crisis management plans for future usage". Environmental Earth Sciences 73/12 pp. 7825-7831

Eckstein Yoram and Eckstein Gabriel E., "Transboundary Aquifers: Conceptual Models for Development of International Law" in Groundwater, vol. 43/5 (2005), 679-69

Hume, B. 2000 "Water in the US-Mexico Border Area", Natural Resources Journal, vol. 40, pp. 341-378.

Lipponen, A. ed., 2007. Groundwater resources sustainability indicators (p. 114). Paris: Unesco.

Puri, S., Appelgren, B., Arnold, G., Aureli, A., Burchi, S., Burke, J., Margat, J. and Pallas, P., 2001. Internationally shared (transboundary) aquifer resources management: Their significance and sustainable management. A framework document. In: *Internationally Shared (Transboundary) Aquifer Resources Management: their significance and sustainable management. A framework document.* Unesco.

Richts, Andrea, & Jaroslav Vrba. "Groundwater resources and hydroclimatic extremes: mapping global groundwater vulnerability to floods and droughts." Environmental Earth Sciences 75, no. 10 (2016): 926.

Tignino, Mara, and Komlan Sangbana. "Public participation and water resources management: Where do we stand in international law." In International conference proceedings. 2015.

Wada Yoshihide, Beek van L. P. H., Bierkens Marc F. P, " Nonsustainable groundwater sustaining irrigation: A global assessment" in Water Resources Research, Vol 48/6, June 2012. http://www.agu.org/journals/wr/wr1201/2011WR010562.

Zektser, I.S. and Everet, L.G. "Groundwater resources of the world and their use" in UNESCO IHP-VI Series on Groundwater No.6. Paris, 2004.

文献

UN Convention on Watercourses, 1997.

UN International Law Commission (2008). Draft articles on the law of transboundary aquifers. Report of the International Law Commission, Sixtieth session, A/63/10.

UNESCO World Water Assessment Program (AP). 2001- [triennial reports from 2003 to 2011, then annual thematic ones].

20

秘鲁的水管理：我们正在吃什么样的牛油果？

克里斯蒂安·哈伯利 (Christian Häberli)

秘鲁的黄金和水

四个世纪之前，秘鲁向我们提供了土豆，在欧洲饥荒之际，拯救了我们。但是，印加人也建立了世界最伟大的一个帝国，没有轮子，没有铁，没有文字和没有马，他们却革命性创新了农业生产、粮食生产、欧洲尚未出现的保护技术和灌溉，甚至出现在了沙漠地区。

现在的水管理甚至比哥伦布发现新大陆前更具挑战性。农业贡献了8%的GDP，雇用了三分之一的女性劳动力。先进的灌溉技术真正将水变成了黄金。然而，以牛油果举例，现在这种水果行销全世界，不仅给生产商带来了丰厚的利润，而且更加耗水：种植一千克这种美味水果需要用水 1000 升。问题在于，我们正在吃的牛油果以及饮用其所含的虚拟水，是否剥夺了城市人群、创造外汇收入的黄金和铜矿工和女性农民的用水。除了给我们种植牛油果以外，这些农民是否可以通过耕耘自己的土地，种植数世纪以来赖以为生的土豆而改善生活？而秘鲁有着令人惊叹的自然景观和世界级的生物多样性，这是女神帕查妈妈的化身。

实际上，水压力是秘鲁面临的一个严重问题，只有 10%的总人口生活在降水量非常充沛的亚马逊丛林（占国土面积的 66%）。其他大约 3000 万居民生活在沙漠或高地平原。这里却是牛油果、芦笋和皮斯科酸果的生长之地。而且这里的制水、运水和水配送成本也是最高的。我们如何确保那些无法支付市场价格的人群享受用水权？这是一个极端困难的问题，从未考量过可持续性因素：享有政治特权的城市人群以及经济作物农民从含水层抽水，而且矿场（工业，甚至是手工业）污染了河流，有时这样的行为一直持续到他们医学死亡。

牛油果、水和地方性问题

在利马（Lima）以南约 500 公里处的伊卡河谷（Ica Valley），伊卡河（因季节和改道）已经没有太多东西了，据称著名的第九任印加王帕查库蒂·尤潘基（Pachacútec Yupanqui，1438 年—1471 年在位）修建的灌溉渠也是如此。维护不良和气候变化正是发生这种情况的两个原因。目前，每个人都面临缺水的境况，导致商品农业迁移到了沿海沙漠地区，那里都是地下水，不可再生，但水质更佳。

简而言之，在此情况下的水管理困境是几乎无需用水、低效和昂贵的家庭农地与用水更少、工人报酬更高，以及在利马和日内瓦出售经济作物而赚取更多的高科技种植之间的选择。而且，后者支付工人的薪酬高达法定最低工资的三倍，在 2016 年为每天 30 索尔（大约为 9 瑞士法郎）。应该说，秘鲁并不贫穷。根据世界银行的统计数据，只有 3% 的总人口生活在贫困线以下。

政治家、经济学家和农业工程师似乎满足于这些现状，而社会学家报告称，伊卡河谷和秘鲁存在治理危机，这是由于政府的新自由主义政策所导致的。

问题在于如何实现牛油果的可持续性。坦诚而言，秘鲁政治危机和政变频发，除了水会变得越来越少，还会有地震、风暴以及其他各类灾难，没有什么是可以确定的。更不用说秘鲁存在其他现有挑战，诸如气候变化、厄尔尼诺现象以及铜价！

是否是一个牛油果在手胜过两个牛油果在林？

解决方案是什么？

至关重要的是，应谨记水不会按自己的意愿流动。秘鲁与其他地方一样，通常流向富饶之地和人类。其他我们日内瓦的家庭也消耗每个牛油果里所含的虚拟水。

挑战在于确保水的公平分配。但是我们如何实现这个目标？我们是否应该停止食用牛油果而减轻良心上的不安？我们所有人当然可能会这些做，但这也会减少秘鲁农民的收入。

我们可以限制水果消费，即马克斯·哈韦拉尔（Max Havelaar）组织所称的"公平贸易"。然而，如果我们想要实现水流的公平，应该知道"有机"并不等同于"良好管理"或"公平定价"水。在瑞士和全世界，我们尚不能正确界定什么是"公平贸易和可持续性牛油果"。

我们是否可以计量每个牛油果中的虚拟水并收取费用？这是某些可以拓展且令人感到兴趣的收入。但在这个争论阶段，如此而为并不是非常务实。

不幸的是，关于"公平贸易和可持续性牛油果"的公共标准，没有国际性的共识。因此，不可能只根据掠夺性牛油果生产者从贫穷和付资不足的农业工人榨取水资源而禁止进口。另一方面，欧洲和美国已经存在众多私人质量标准。根据我的研究和经验，我赞同的一个的标准是《全球良好农业操作规范》（GlobalGap）。然而，我在此类私人标准中看到的一个问题，即其通常是一种配送链施加的强制命令。

个人而言，我发现雀巢前首席执行官彼得·白贝克-雷特马斯（Peter Brabeck-Letmathe）的建议非常令人感到兴趣。他经常明确认可用水权利，倡导为其公司生产矿泉水的水泉周围居民免费赠送一定数量的水。根据雀巢所言，为水泉附近居民提供的免费水应由矿泉水的消费者支付。对于经济学家而言，这是转移定价的一种形式。

对于农业用水，根据白贝克-雷特马斯先生的想法，秘鲁也许可以就出口商抽取的水保留一定份额，供小规模农场所用，而且确定一个可以负担的价格，自前西班牙时代以来就存在了此种正当性。为了防止不公平竞争和墨西哥、危地马拉、智利、南非、加纳、以色列和西班牙竞争者的社会倾销，最大型出口商之间合作显然是极佳之事。

请继续关注！

21

海洋治理和海洋废弃物的挑战

达妮埃拉·迪兹 (*Daniela Diz*)

本文探讨了海洋废弃物引发的挑战及其海洋治理的零散体系，特别是塑料（和塑料微粒）对于海洋生物多样性的影响。为此，本文还讨论了《联合国海洋法公约》（UNCLOS）规定的义务，及其与《联合国生物多样性公约》（CBD）和其他相关法律文件之间的关系，包括可持续性发展目标（SDG）。

处理应对这个问题需要采用整体研究方法（特别是关注陆地源头），同时结合生物多样性和物种的其他压力源而考虑海洋废弃物的累积效应。例如，由于塑料具有化学惰性，可以高强度吸附有机污染物。塑料微粒可以留在食物顶端的海洋物种和人类之组织内，相关污染物则会在摄入后释放。海洋物种的相互关联也是一个大问题；浮游塑料废弃物也可以输送侵入性物种。联合国环境规划署（UNEP）曾估计，80%的海洋废弃物和塑料来自于陆地，90-95%的海洋污染由塑料组成。

根据《联合国海洋法公约》第十二部分，其第 192 条规定了国家保护和保全海洋环境的义务。其第 207（1）条规定，各国应制定法律和规章，以防止、减少和控制陆地来源对海洋环境的污染，同时考虑到国际议定的标准和最佳实践。因此，该条合并参照适用诸如《联合国生物多样性公约》关于海洋废弃物的决定和联合国环境大会（UNEA）的决议等政策法律文件。《联合国海洋法公约》第 213 条也有相关规定，因为其强制要求各国不仅要制定法律和规章，还要予以执行，并采取措施遵循国际标准。

若干其他国际法律文件，[54]根据《联合国海洋法公约》第十二部分系统性解释和履行保护海洋环境免受污染的义务，从而解决来自陆地来源或海洋来源的海洋废弃物。另一方面，鉴于现行规制海洋废弃物的法律制度具有分散性，不同国际性法庭努力加强合作和协调，这是全面执行该等义务的关键所在。在此方面，重要的是注意到联合国环境大会通过了关于海洋塑料的 2/11（2016）决议，承认全球紧急呼应需要考虑一种产品全生命周期方法，从而解决问题。这项决议也支持诸如《联合国生物多样性公约》等不同公约致

---

[54] 这些国际法律文件尤其包括以下：《国际防止船舶造成污染公约》（MARPOL）、附则五《防止船舶垃圾污染规则》；《伦敦公约》及其伦敦议定书；《控制危险废物越境转移及其处置巴塞尔公约》；《关于保护信天翁和海燕协定》；《保护海洋环境免受陆上活动污染全球行动纲领》和《区域行动纲领和公约》；《关于持久性有机污染物的斯德哥尔摩公约》；《负责任渔业行为守则》；《执行 1982 年 12 月 10 日〈联合国海洋法公约〉有关养护和管理跨界鱼类种群．和高度洄游鱼类种群的规定的协定》（鱼类种群协定）。

力于关于海洋废弃物对海洋生物多样性影响，并呼吁协调努力。2017 年的联合国环境大会将污染议题置于特别重要的首要位置。

联合国 2030 年可持续发展议程及其可持续发展目标也特别重要，尤其是可持续发展目标 14.1（关于 2025 年防止和减少海洋污染，特别是陆地来源的海洋废弃物）和可持续发展目标 12.1 和 12.5 关于可持续生产和消费的关系，因为产品全生命周期是问题的核心。与可持续发展目标相关，《联合国生物多样性》XIII/3(2016)号决议敦促各缔约方，在执行 2030 年可持续发展议程时，生物多样性应成为实施所有相关可持续发展目标的核心。例如，各缔约方执行《联合国生物多样性公约》关于海洋废弃物的 XIII/10(2016)号决议，其敦促各国防止和减少海洋废弃物的不利影响，并考虑《联合国生物多样性公约防止和缓解海洋废弃物对海洋和沿海生物多样性和生境重大不利影响的自愿实践指南》[4]。尽管这个指南具有自愿性质，但可以解释为是上述《联合国海洋法公约》第 207 条所述之国际认可的标准。

生境影响

有些地区则比其他地区更加脆弱，例如，有证据表明，随着北冰洋结冰，冻住了浮游塑料微粒，导致每立方米富含数百颗粒[5]。这比太平洋大垃圾带的塑料颗粒数量高于三个数量级。深海也是塑料微粒的一个主要积聚处[6]。

《联合国海洋法公约》第 194（5）条规定了以下义务，即保护和保全稀有或脆弱的生态系统，以及衰竭、受威胁或有灭绝危险的物种和其他形式的海洋生物的生存环境。然而，《联合国海洋法公约》并没有规定确定该等区域的标准，而再次依据其他法律文件来确定。若干法律文件已经制定了相应标准和确认程序。特别应予注意的是，《联合国生物多样性公约》生态性或生物性重要海洋区域（EBSA）程序[7]。《联合国生物多样性公约》描述了全球 279 个区域满足生态性或生物性重要海洋区域标准。[55]鉴于其科学和技术特性，生态性或生物性重要海洋区域规定不会自动触发保护和管理措施，根据《联合国海洋法公约》第 194（5）条规定，沿海国家[56]和适格组织有义务采用相应保护和管理措施保护这些区域。据此，

---

[55] 《联合国生物多样性公约》IX/20 号决定附录 1 规定了生态性或生物性重要海洋区域标准，包括以下特征：独特性和稀有性；对物种的生命史阶段特别重要；对受威胁、衰竭或有灭绝危险的物种和/或生境具有重要意义；易损性、脆弱性、敏感性或恢复缓慢性；生物多产性；生物多样性和自然性。最初通过《联合国生物多样性公约》X/29 号决定规定了生态性或生物性重要海洋区域程序。

[56] 生态性或生物性重要海洋区域位于国家管辖范围之内。

当为这些区域考虑保护和管理措施（例如马尾藻海（Sargasso Sea）则是生态性或生物性重要海洋区域的一个良好典范）时，也应评估海洋废弃物对于生态性或生物性重要海洋区域的影响。

结论

尽管《联合国海洋法公约》规定了有关保护和保全海洋环境免受各类海洋废弃物和塑料影响的义务，但执行存在滞后。因而，急需改进海洋和陆地废物管理、培育利益相关者合作、实施训练计划和减少包装和耐用产品，这些也都是与需要推广可持续性产品和消费实践及规则相关的问题。最后，需要更加协调有关海洋废弃物的国际努力，建议比较性审议现有政策和法律文件。这种分析也可以增强《联合国海洋法公约》和相关国际法律文件之间的关系，包括《联合国生物多样性公约》，有利于执行《联合国海洋法公约》规定的全球认可标准和最佳实践，从而履行该公约避免对海洋和沿海生物多样性的巨大威胁，以及使这种威胁最小化。

参考文献

CBD, Decision XIII/10, Annex, Doc CBD/COP/DEC/XIII/10, 10 December 2016.

Cole, Matthew, et al. (2011) "Microplastics as contaminants in the marine environment: a review". 62(12) Marine pollution bulletin 2588-2597.

Diz, Daniela, (2016) "Unravelling the intricacies of marine biodiversity conservation and its sustainable use: An overview of global frameworks and applicable concepts" in E Morgera and J Razzaque (eds) Biodiversity and Nature Protection Law (Edward Elgar Publishing, 2017), 123-144.

Law, Kara Lavender, et al. (2010) "Plastic accumulation in the North Atlantic subtropical gyre". 329(5996) Science 1185-1188.

Obbard, Rachel W., et al. (2014) "Global warming releases microplastic legacy frozen in Arctic Sea ice", 2 (6) Earth's Future 315-320.

UN Environment Assembly, online: 〈 http://www.unep.org/environmentassembly/〉.

UNEP (2016). Marine plastic debris and microplastics – Global lessons and research to inspire action and guide policy change. United Nations Environment Program, Nairobi.

Woodall, Lucy C., et al. "The deep sea is a major sink for microplastic debris". Royal Society Open Science 1.4 (2014): 140317.

22

水治理：一种伦理和多方利益相关方的程序

伯努瓦·吉拉尔丹（Benoît Girardin）

本文之目的是强调构建和主导谈判程序时将其视为伦理程序，以及认为水治理是一项伦理努力，则具有政治和社会效益。从长远而言，谈判是最有效、最相关和最高效的谈判方式，乃是考虑所有利益相关者的利益，组织共同需要评价程序，制定出考量的潜在措施，形成可以接受的独特资源共享方案。

需要提醒的是，所谓的非正式领域存在利益相关者。在非正式经济占国民生产总值（GDP）三分之一以上的国家，利益相关者发现在非正式领域难以派遣代表参加会议。太多时候只分析和规制正式经济，而非正式经济引发或对正式经济的损失，很大程度上被人们忽视了。这方面的游说和声音并不存在，也说明了此等缺失。然而，根据绝大多数社会贫困人群的亲身体验，他们没有或者不容易获得公共水源或被纳入水配送体系，于是以高于普通住户的价格购买质量较差的水。矛盾的是，水商供应的塑料容器或者瓶装每加仑水价远远高于公共水源或配送网络供应的水价。因此，正式经济和非正式经济的联系至关重要，[57]也导致宏观层面和微观层面的关系复杂化和丰富化。非正式领域的特定激励不仅需要慎重，而且也是必要的。

用水者的需求是多种多样的，个人和家庭用水者用于家用和花园，农民用于耕种和浇水，渔民用于捕鱼和其他营养物，旅游业者用于水上航游，工业工厂用于生产产品、清洁和清洗，航运公司用于运输货物和乘客，城市用于提供饮用水和清洗街道上的废弃物和垃圾，用途举不胜举（参见上述概图）。他们都可以坐到同一张谈判桌上。

水不易运输，因而谈判主要限于特定地理区域：溪流、河流、湖泊和低洼区域，或者甚至水坝和运河所形成的河流流域。谈判也可能涉及地下水或含水层，许多情况涉及若干个国家，需要从国际层面上予以解决。

多方利益相关者磋商或谈判。权衡和优先次序设置

国际和区域性的经验广泛证明，这些谈判要么复杂，要么迂回曲折，湄公河委员会的执行能力不足，难以达成共识以及采取迅速

---

[57] See Ostrom, Elinor; Kanbur, Ravi; Guha-Khasnobis, Basudeb (2007). Linking the formal and informal economy: concepts and policies. Oxford: Oxford University Press.

行动，即可证明这一点；或者是发生冲突，约旦河、幼发拉底河和尼罗河就是例证。[58]

正确、高效和有效水治理和管理的三个主要层面之间不一致和分歧，可能产生另一个困难：

1. 政策框架或宏观层面确定了整体优先次序以及监管和制度框架

2. 区域盆地中的参与者协会以及大型利益集团力争获得更大的份额，以及实际上形成或普遍一致同意广泛分配方案，通常称之为细观层面。

3. 个人、家庭和用户者团体的微观层面则竞争"相同"的水。

上述三个层面可以整合在一个一致性框架，或者相互背离，从而导致通往冲突和低效的道路。因此，对话的包容性至关重要。

这里存在两种磋商或谈判路径，利益相关者的水平路径和三个层次的垂直路径，在达成妥协之前，通常记录了各个冲突阶段。他们可能遵循进取最快、最具权力或者技术官僚性的参与者制定的规则，而这些参与者可以阐明他/她自己的利益和意见，威胁竞争

---

⁵⁸ See Mark Zeitoun' paper in ch 5. Similarly, for some water tables that are crossing national borders, where only some schemes are working satisfactorily -see my paper in ch 7.

者，或者只给他们留下残存的水。包容性不足和倾听能力薄弱，或者甚至不愿意对话，证明乃是孕育失败或者甚至冲突的最佳诱因。

由于缺乏适当的规划和期望，层次间的不一致可能导致陷入水的困境和短缺，2018 年的南非就遇到了这样的情况，开普敦（Cape Town）市政当局依靠国家力量足够早地修建水坝，但却未能推动政府及时实施项目。结果导致饮用水严重缺乏。

最后重要的一点是，水治理不仅解决供给侧的问题，也需要循环利用废水，这增加了此种重要的资源，在谈判程序中不能忽略。在最优层次重新利用水的责任成为任何交易不可分割的一部分，而且是一张坚实的王牌。

一种伦理框架

任何旨在具体说明水分配广泛方案的任何程序是一种技术程序，需要收集数据和确定随干季、雨季或季节性以及每月变动的可用水量。他们需要评估农业、工业、城市的各类需求，权衡"重要性"。这虽然需要技术数据，但也不足以作出适当之决定。这里的需求乃是生死之事，也是涉及舒适感的问题。这需要伦理评估，但不能由官僚或独裁者来进行此等评估。水的分配应是长期持久和可持续的，谈判程序以及执行监督都应该是公平的。

我们认为，为了实现可持续性结果，任何谈判必须考虑以公正（正义即公正）为核心。[59]正义应该是弘扬的一种价值观，而且是贯穿谈判和适应新环境的一条渐近线。

公正是内涵丰富和全面的一种理念。如果通过以下六个关键指标来说明，则易于理解：

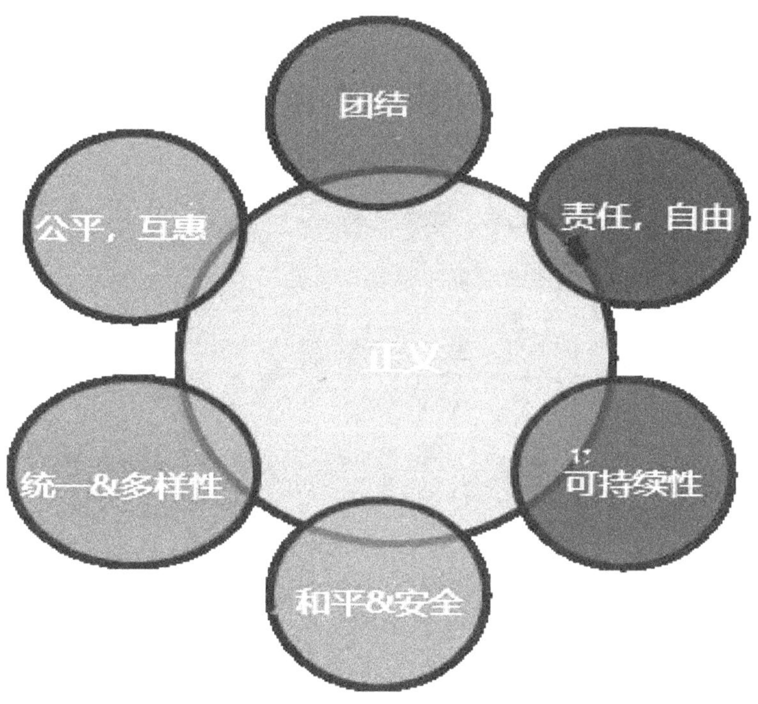

---

[59] John Rawls 1999 A Theory of Justice. Revised edition. Oxford: Oxford University Press; John Rawls "Justice as fairness: Political not metaphysical." In Equality and Liberty, 1991, pp. 145-173. Palgrave Macmillan, London; Amartya Sen, 2009 The Idea of Justice, Cambridge Ms: Harvard University Press; Amartya Sen 1991 On Ethics and Economics, Oxford: Blackwell

- 公平倡导平等和互惠获得，不一定是平均主义，但尊重基本需求和要求；

- 责任应强调用户在数量方面的可问责性以及污染者在质量方面的可问责性；

- 团结则警示可用水较少的特定区域面临短缺或季节性中断。被污染的河水需要团结一致采取特别行动。

- 可持续性应持续关注资源的再生，使浪费最小化，使河流恢复活力，维护河岸；

- 和平与安全有助于遏制将水井、河流、溪流作为压迫他人的武器，以及作为敲诈和威胁沿水用户，或激化冲突的工作。

- 统一和多样性有助于保持对中央集权的期望以及使用和利益的多样性。

上述六个重要价值观应有利于参加谈判的利益相关者就水分配达成某种妥协。这些利益相关方不仅需求和利益不同，而且知识、技能和数据相异。这些价值观有利于组织磋商或谈判，使强势、知识丰富、信息完备、善于沟通的利益相关者持有偏见的风险降至最低。

一种伦理程序

磋商/谈判程序的调解人需要考虑所有六个价值观，不能轻视或忽视某些价值观。调解人就促进对话，使得不同用户群体的分配方案以可以接受的方式尊重六个价值观。包容性是避免只有一部分利益相关方设置障碍而随后导致其他利益相关方采取暴力行为的情况。[60]

上述六个价值观并不是特指分配方案或者现有决策，而是磋商或谈判程序中的步骤或里程碑。每一用户群体可以被邀请呈交自己的期望和忧虑报告。

这有助于对话逐渐上升到某些层面，这里集中了所有利益相关方的需要和要求，并进行了讨论，然后予以权衡，转化为定量测量，例如，从以下几个方面进行评估：1：无足轻重性，2：薄弱和容易，3：重要和可管理性；4：严重或困难，到 5：打破平衡和破裂风险。这应让利益相关方陈述或表达每一轴心的期望，然后评论其他的评价，便于比较每一利益相关方的统一标志。这项工具有望缓解谈判，使得谈判更具现实性，而不是突然完成谈判。这也可以识别重要标准和最低标准。尽管很大程度上考虑适用成本效益分析（CBA），但上述工程的分析范围更大，也更为深入。

---

[60] "我们需要问多中心机构如何有助于或妨碍创新性、学习、适应性、可信赖性、参与者的合作水平和在多层面实现更有效、平等和可持续性。"（Theo Toonen 2010）

下图只是一个暂时性方案，可以根据地方条件进行调整。针对具体情况的特别特征，可以增加更多指标。学术界可以提供详细和可以验证的见解和核查措施。因此，可以准确识别优劣因素的相互关系。

	农民	工业	家庭	公共	渔民	运输业者
淡水总需求。水量：最大、最小，中间量（立方千米/年）	计量估算	计量	计量	计量		
淡水总需求。水量：最大、最小，中间量（立方千米/年）	计量估算		计量估算	计量	计量估算	计量
控制潜力，限制消耗和节约	2	4	2	4	1	1
公共卫生能力	2	4	3	4	2	2
回收利用潜力	2	3	2	4	1	3
缺水、中断而导致的损害	4	3	4	3	5	5
过度消耗导致的损害	4	3	2	4		
期望变化的能力	2	3	2	4	3	3
污染影响	3	4	2	4	2	3
应对危害、气候变化的弹性	2	3	2	3	2	2

整个系统并不是静止不动的。需要考虑环境变化、生产活动和社会结构的背景变革及国际关系。也需要考虑经验教训。如果程序要获得成功，大规模磋商和公开信息乃是最佳资产。

为了避免被既得利益所绑架，磋商/谈判的调解程序属于国家、区域和地方层面政府当局的强制性行为，但所有利益相关者仍负责决策和执行。先决条件是上述当局应保持某种程度的中立性，可以抵制或避免腐败，从而号召利益相关方采用务实和可行的解决方案。

公共资源管理的必备条件是用户参与和激励。根据分析一百多个保护项目的经验，表明地方用户在获得和出售少数产品方面享有利益和/或参与该等项目的设计与管理之重要性。[61]经济学家 G.昆廷（G. Quentin）得出了类似的结论：公共资源的有效管理要求这些资源的用户积极参与。[62]各个层次利益相关者的灵活结合，在限制公共资源过度开发和过度破坏以及控制塑料垃圾方面更加有效。谈判中的伦理有助于克服必然会出现的阻塞点。成功的关键还在于通过制定公平分享的经济激励措施，而不是通过制裁，宣传以及个体解决方案。[63]

---

[61] Brooks, J.S., Franzen, M.A., Holmes, C.M., Grote, M.N. and Mulder, M.B., Testing hypotheses for the success of different conservation strategies. Conservation biology, 20/5, (2006) pp. 1528-1538.

[62] Grafton, R. Quentin. 2000. 515: 每个资源用户都能防止资源恶化，确保资源用户获得持续不断利益。三项制度的权利束比较表明，确保公共资源成功治理的一个共同因素是资源用户的积极参与管理资源利益。

[63] 在此意义上而言，2015 年和 2017-2021 年海洋卫士倡导的典范方法是工业设计和生产的新模式：https://www.raceforwater.org/fr/

应避免两个主要陷阱：第一个是陷阱是技术官僚的行为过度。在相当开放和负责任的社会，技术官僚可能往往认为，解决系统细节的复杂性需要成熟的技术技能，这是属于专家的工作范畴。技术官僚并不是厘清风险、提出可选方案以及向利益相关方提供决策，这是人们期望技术官僚所为之事，相反，他们可能秘密决策和发号施令。第二个陷阱是运用腐败策略拉拢支持者或者威胁异见之人。这主要是指卡特尔协定或者机会主义联盟。反社会和反经济决策和战略可能产生后果，长期将会出现灾难。

包容性谈判程序提供了坚实的机会，不仅可以表明每位用户的责任，而且使一个利益相关方的使用严重影响其他利益者而引发损害的情况最少化。这有助于避免推卸责任的行为，或者只是单方指责一方，甚至妖魔化会导致忽视系统性维度。

即使在信息公开的文化背景之下，也可能减缓程序的进程，如果花费一些时间有助于及时预测和处理问题，诸如季节性变化、质量、污染、冲突利益…然后加速执行。在准备阶段和谈判时"失去"的时间 ，更快速和完整的执行必然可以追回。过度官僚和完美主义方法可能在太过于复杂的问题上浪费大量时间，甚至可能掩盖真正的问题以及迟延决定。在众多利益相关方之间业已建立信任，而且具有所有人的意识，相互之间确立了互惠责任，才能包容开放。

经济维度至关重要：解决方案的务实性和全部成本，对于利益相关方认识前期需求评估可能的后果至关重要。这不仅可以避免实际成本超过预算时的紧急状况，而且避免扩大利益相关者的结算，从而承担保持上限的承诺。天下没有免费的午餐。即使水属于自然世界，水的开发、引水、过滤、清洁、回收利用、维护都需要成本，而且会产生过度消耗。否认此种经济维度导致了问题的持续性，并削弱了平等性。

与利益相关者的作用存在多样化，现在的金融方案可能多种多样和各不相同。这是磋商或谈判的一部分。最有效的还是公私合作金融和交叉或大众金融方案。甚至贫困人群也会有所贡献，例如，如果无法支付现金，也可以通过体力工作来减少成本。贫困人群更易理解安全用水将减少医疗和治疗成本。无论如何，他们向售水商支付了较高的价格，准备为更好的供水支付较低的价格。

在任何情况之下，问责制至关重要，并假定都公布了发生的成本和所做的承诺。决策需要权衡今天和明天优劣因素而获得最佳方案。

即使纸面上的方案相当平衡，应适当注意内在激励、高质量、有效性和高效性的激奋，以及为不良结果承担惩罚性后果。依靠相互监督和同行评议，有助于改进体制，避免推卸责任，以及从最佳实践中汲取经验。所谓的水、卫生设施和卫生绩效指数关注于水的获得和平等，卫生设施也可以为此等执行监督提供一个坚定和意义丰富的基础。

在此方面而言，最近由经济合作与发展组织在 2015 年发布的《水治理原则》和 2018 年 3 月发布的《水治理倡议》中呈交了关于水治理的报告，通过文中图例形象化地进行了总结，颇具意义：伦理尽管静默无声，但却是一个基础。模式变化如下：

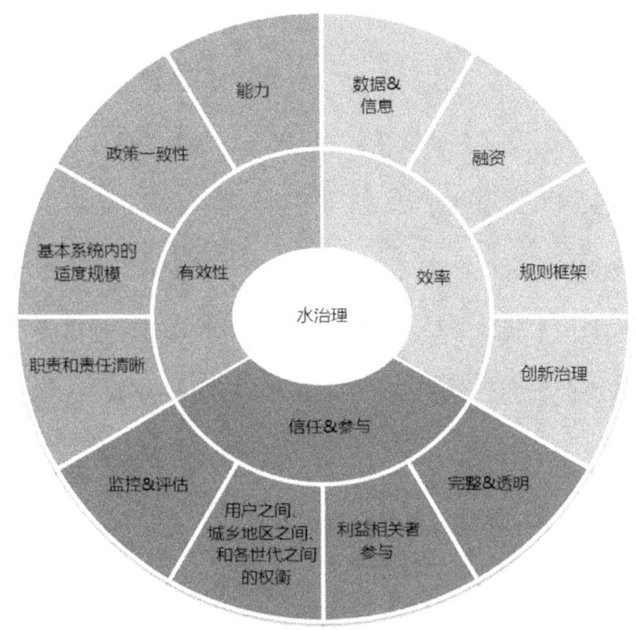

各项原则主要围绕三个主要维度：

1. 水治理的效果关乎于治理在以下各方面的贡献，即厘清可持续性水政策目标和各个不同层面政府目标方面的贡献，这些政策目标的实施和实现期望目标。

2. 水治理的效益关乎于治理在以下各方面的贡献，即可持续水管理的利益最大化和福利成本占社会成本最少。

3. 水治理的信任和合作关乎于治理在以下各方面的贡献，即建立公众信心，通过整个社会的民主合法性和公正性确保利益相关方的包容性。

4. 本文所述之方法，很大程度上关于多方利益相关方的信任、合作和权衡以及整合，保持动态适应能力以及执行中的某些学习过程。

关于水领域的国际平台（联合国环境规划署、国际自然保护联盟、供水和卫生设施协调委员会、水统一网络…）以及各国家国会、法官、私人企业和跨国公司的发展经验可以证明模式变化。[64]

已获得的改进，得益于 2015 年可持续性发展议程目标 6、世界水论坛以及转型运动，不言自明地显示出：新的模式正在出现。共享和相互合作已经取代了冲突。

---

[64] 诸如世界未来能源峰会/水之类的全球工业平台成员；see also Deloitte 2016 Water Tight 2.0 Top Trends in the global Water Sector; Global Water Intelligence Global Water Market 2017; Water Online 2017 Seven Keys to One Water. 跨国公司雀巢也有同样的贡献。尽管雀巢在一开始直接否认任何饮用水的任何人权，拒绝考虑本地社区因水的大量开采而遭受的苦难，现在雀巢似乎希望与本地社区进行协商，承认本地社区的某些正当期望。2014 年，雀巢在巴基斯坦旁遮普省(比宛迪)启动了周围社区的水过滤项目。

附言：贫困人群的代金券方案

应确保每个人获得最低数量的饮用水，而且，包括穷人在内的每个人都应为用水而付费。某些最佳方案反映了责任性和团结性，可以包括某些劳役和代金券体系。劳役可以提供体力劳动、挖掘、填坑、铺路、清理…代金券，在某种范围上而言，其关于确认和正当认可贫困个人或家庭不用考虑水交易权和售水权。生物特征识别可能证明相当高效和简单。在印度，代金券的受益人持有一种信用卡，应与虹膜瞳孔或指纹识别相符合。防止滥用的最佳保护之道是地方和微观层面的社区本身，以及水管员的可信赖性和可靠性。售水代金券与选举支持之间的关系必然是可追溯的。在新加坡，由一个部门向贫困家庭发放代金券，另一个部门就用水量向贫困家庭寄送发票。根据此种方法，不仅尊重了付费原则，但权重几乎为零。

参考文献

Griffin, Ronald C. Water Resource Economics. The Analysis of Scarcity, Policies and Projects Cambridge MA – London, The MIT Press, 2018, 2nd edition

Groenfeldt, David, and Jeremy Schmidt. "Ethics and water governance." Ecology and Society 18, no. 1 (2013).

Habermas, Jürgen 1991. Discourse Ethics. Notes on a Program of Philosophical Justification, [transl.

from German Erläuterungen zur Diskursethik Suhrkamp, Frankfurt am Main 1983]

OECD Water Governance Indicator Framework, Paris 2018

Pahl-Wostl, Claudia, Joyeeta Gupta, and Daniel Petry. "Governance and the global water system: a theoretical exploration." Global Governance 14 (2008): 419-435.

UN 2019, The United Nations world water development report 2019: leaving no one behind

UNESCO Water Portal http://www.unesco.org/water

UNESCO IHE Delft Institute for Water Education: https://www.unihe.org/institute/water-management-governance

UNC Water Institute: http://waterinstitute.unc.edu/wash-performanceindex-report/aterinstitute.unc.edu/files/2015/04/collage-989.jpg

Dinar, Ariel & Schwabe, Kurt Ed. Handbook of Water Economics, Cheltenham UK & Northampton MA USA, Edward Elgar 2015

Vörösmarty, C. J., A. Y. Hoekstra, S. E. Bunn, D. Conway, and J. Gupta. "What scale for water governance." Science 349, no. 6247 (2015): 478-479.

23

儿童梦想基金为缅甸、老挝和柬埔寨建立的水系统

马克·托马斯·热尼和丹尼尔·马尔科·西格弗里德
(Marc Thomas Jenni, Daniel Marco Siegfried)

概述

长期淡水缺乏和污染是最不发达国家缅甸、老挝和柬埔寨偏远农村最显著的挑战，给儿童和成人带来了严重的健康问题。这些偏远农村的许多学校高度流行与供水、卫生设施和个人卫生不足导致的相关疾病，儿童营养不良和其他潜在健康问题也非常普遍。这些健康问题是可以预防的，但是，如果不加以解决，就会扰乱学生们的入校就读。我们捐赠人给予了慷慨的财务支持，一直有助于我们投入影响迅速和务实的工作，为贫困社区提供安全消费和有卫生设施的水。

水挑战

在缅甸

缅甸偏远地区，基础设施薄弱，导致超过 33%的人口面临不安全饮用水问题（WHO，2015）。我们的努力有助于提供一些解决方案，诸如收集雨水的方法，从自然泉水和含水层取水和储水的系统。

在老挝

由于水管理和卫生设施问题、缺乏安全用水和个人卫生的意识以及普遍无管理的排粪，老挝偏远地区也受到威胁生命疾病的困扰。通常发生诸如痢疾、发良障碍短小症和体重不足之类的健康和营养综合症（UN，2017）。妇女和年轻女孩仍然从遥远的河流和湖泊收集水，这是一项费力和艰苦的工作。

在柬埔寨

由于周期性的干旱季节和干旱，柬埔寨的偏远地区的一个重要挑战仍然是提供可持续性的水源。这里水质较差，卫生水平较低。这些长期问题导致偏远地区的众多儿童面临痢疾、呼吸道疾病、皮肤病和其他水传播疾病的严重后果。水系统管理水平的低劣估计导致每年死亡 *10,000 人（UNICFF, 2015）* 。

执行

为了响应上述急行动的号召，我们已经资助了众多政府公立学校建造供水和储水系统，诸如连接自然泉水和其他地下水源的保护井、电泵和管道，为学校和整个社区提供清洁和可获得的水。

学生、教师和社区成员可以获得饮用水或个人卫生用水。

程序

- 雇佣本地和专业领班参加建造工程。

- 建造一个混凝土储水系统（混凝土水池和水槽等）通常需要 3-4 个星期，建造一套供水系统（水站及电泵和水管系统等）大约需要 3 个月。

- 持续六个月保留总成本的 5%，作为工程的担保。

- 学校领导人和社区成员负责完工之后的水池日常清洁和维护成本。

监管

在建造阶段，我们的团队定期视察施工现场，监管施工过程，确保我们的高质量标准得到满足。

完工之后，我们的团队定期回访，有助于水池的适当利用和有效性。

可以实现的成果

- 确保学校和地方社区为消费、卫生设施和个人卫生可靠地获得清洁和安全的用水。

- 改善饮用水源，以减少水传染、疾病和流行疾病。

- 指导和培训如何利用和维护，可以实现高效的水和卫生设施管理

- 这些项目也强化了地方社区的对于改进水和卫生设施管理的理解和参与。

- 提供充分的供水、卫生设施和个人卫生，可以确保更好的教育机会，提高学生的成功率，以及众多儿童和家庭的生活标准和粮食安全。

24

世界水青年议会，欧洲水团结的一个项目

维克托·鲁菲（Victor Ruffy）

根据国际水资源秘书处（ISW）和欧洲委员会的提议之下，非政府间组织"欧洲水团结"（SWE，或称 Solidarité Eau Europe，SEE）于 1998 年在斯特拉斯堡成立。

其创立文件《斯特拉斯堡宣言》，列出了致力于应对的五个重大挑战：

- 认可水的民主性质

- 改进水生环境的保护

- 为公平的经济设计水服务体系

- 在土地利用规划时考虑水这个因素

- 让水成为一门课程的主题

世界水青年议会是欧洲水团结的一个特别项目，成立的目的是针对性解决上述三个挑战。

自来水可能来自于一处泉水，但仍需要基础设施，甚至一整套输水系统。

这是什么样的一种服务？由谁提供以及如何提供？

什么逻辑引导成立了各个实体，负责水的分配和卫生设施？水的开发、分配和定价遵循了什么原则？

这些问题有助于我们了解用水者如何管理这种共享水遗产，每个人是否充分获得水以满足他或她的主要需求。

在欧洲范围内，需要初步概述欧洲整个大陆的资源分布与发展与气候区域之间的关系；然后，重点置于在举行青年议会的国家或地区。

每个国家都存在自己的问题；据此，每个议会有着自己的主题，并寻找专注于水管理的公共机构、水机构、合作机构和私人公司作为适当的合作伙伴。

瑞士以欧洲的水塔而著称，这是指诸如莫尔日（Morges）、贝林佐纳（Bellinzona）、萨梅丹（Samedan）和库尔（Chur）等上下游各城市的团结。关于摩尔多瓦，重点在于基希讷乌（Chisinau）、瓦杜卢伊沃达（Vadul lui Voda）和沃尼科尼（Vorniceni）偏远地区的饮用水和卫生设施之获得。关于俄罗斯，其强调了下诺夫哥罗德（Nizhny Novgorod）各条河流的财富。关于荷兰，海尔德兰（Gelderland）与莱茵则存在水和气候变化的挑战。

当我们关注青年之际，我们依赖于他们的活力、想象力和参与的意愿。

为了激励年轻人，欧洲水团结的领导人要求每个注册团体就待定主题准备演示文稿，在全体会议上进行演说和答辩。一旦宣誓加入，议会成员参加专家的演讲会，参加研讨会，实地访问以及与用户进行讨论，发起与地方和区域政治机构之间的辩论，撰写最终报告，由议会主席呈交地方、区域以及有时全国性当局。

青年议会还举办摄影和视频大赛，经常举办跨文化晚会。

我们难以就这些活动的效果得出结论，但在摩尔瓦多，对于中学的供水和卫生设施逐渐增多、实施公众认识项目，以及环境部的"城市—农村团结"运动，这些应认为有积极效果。

俄罗斯也有青年议会，使得有可能利用民间社会的勇气和某些机构的努力，当他们维护高度集权国家体制中失败的一项环境政策，他们的努力为人所知。

全球化世界中的伦理视角和理念

25

水是一种人权、水是一种公共产品、水是一种经济产品

埃弗莉娜·菲克特-维德曼 (Evelyne Fiechter-Widemann)

导言：水的正义

本次讨论会的主要目标是提出水的正义问题，也就是在二十一世纪初开启的全球化世界中，水的公平分配问题。

只要在地球上，若是每个人只是必须下河饮水止渴和清洗，那么就不会有这个问题。工业革命和水力革命之后：人类与水的关系，发生了翻天覆地的变化。

水的多样性和多重性管理理念

水的多样性是难以解释的。水可用于众多方面，例如，作为能源来源或者用于航运。然而，我们并非讨论此种意义上的水，而是探讨水是生命、卫生、灌溉、工业和我们奢侈需求（诸如游泳池）所需的一种资源。

很久以前，罗马人已经思考了确保水得到明智分配的法律框架的复杂性。他们认为水是一种公共产品，而地下水属于私有，具有使用权、收益权和处置权。

在我们这个时代，鉴于资源的总体性过度利用，特别是水，从而面临着诸多挑战，因此也正在重新审议各政府现今采用的法律框架，而且提出了新的理念。特别是在 1992 年，世界气象组织（WMO）的 500 名专家在都柏林开会，为可持续发展的里奥会议做准备，其提出了一项新的原则，即水是一种经济产品。2010 年，联合国大会提出和采纳了水是一种人权，支持了这一理念。我了解，除了联合国以外，2005 年，巴西和瑞士的教会也发布了《水是一种人权和公共产品的宣言》。

依我之见，联合国各机构之间及其与民间社会关于水理念相冲突而导致了紧张关系，这值得我们关注。实际上，所处之形势影响了众多参与者或者"利益相关方"的决策，按我们现在所言，其乃是政府、企业和民间社会。有的人支持水是一种权利，而有的人维护水是一种经济产品的意见，此种矛盾立志招致了某些人的强烈反对。在理论探讨层面遇到的阻碍使得最具利益相关性的人，也就是那些处于缺水状态的人甚至需要等待更长的时间。

是否存在某些途径找到一个令人愉快的媒介，从而团结两方的意见？

现在让我们来讨论一下这三个理念。

水是一种经济产品，这是与其价值和价格相关的问题

当一种产品开始变得稀缺，则可以适用经济学理论。

这就是 1992 年都柏林宣言的作者们认为的前提，从而提出了水是一种经济产品的理念。有些作者毫不犹豫地将都柏林提出的水理念称之为革命性的理念，因为在此之前，水一直被认为是一种免费产品，就像空气一样。以前也认为水是不值钱的东西，正如亚当·斯密在《国富论》中提出的水和钻石著名悖论：尽管水是有用的，但几乎没有交换价值，而一颗钻石，并不是非常有用，但具有较高的交换价值。都柏林理念的目标是反对浪费，尤其是在农业领域。

新理念对于水产生或者可能产生什么样的影响？我将从三个方面回答这个问题。

第一个方面是咸海的例子，其面临干涸的风险。如果水具有价值，需要大量用水的棉花地灌溉，可能需要重新思考和改进现行水管理的实践。

新理念必然会对财产所有权产生影响：这一权利使私营部门具有合法性。

关于新理念的政治和心理影响，可以导致全球化世界的分极化，同时担心市场规则不会考虑水的社会、环境、精神和文化意义。

这一点甚为重要，为了避免分极化，区别经济产品和市场产品可能颇有益处。这些概念经常混淆。

实际上，水并不遵循诸如石油等具有的供需原则，因此，水不是一种市场产品。在我看来，"经济产品"的广义概念就考虑除价格以外的众多因素。

水是一种人权

这已经成为一种固定表达，几乎一成不变。但此种人权的范围为何，以及一位口渴之人的期望是什么。

我们可以举例说明这一点：由于水是一种人权，沙漠里的贝多因人能否要求修建各管道，由此可以同样获得水从而受益？我先回答法律方面，再回答伦理方面。

作为一种人权，水是一种积极性自由，而诸如禁止酷刑则是一种消极性自由。

这积极性义务隐含着一种帮助的义务。但是，帮助谁呢？谁应承担此种义务呢？我们马上会发现困境以及答案：不可能决定谁承担帮助的义务以及谁应得到帮助。各国政府显然理解这一点，只是发布没有法律效力的声明。

我们发现自己有了一项特权，燃起了希望，但这项权利却不能主张，至少在纳入宪法之前确实如此，我附带说一下，南非的宪法作了规定，其乃此领域的先驱。换而言之，在一起法律诉讼案中，法院不会支持沙漠贝都因人的主张，也不会命令建造管道。

因此，水是一种人权的概念是否毫无意义？

也不是，因为这提出了一个伦理问题。地球上的水及其不公平分配形成了深深的不正义感。为何我们有的地方具有充足的高质量水，而有的国家男男女女却没有体面的最低用水量而让其享受有尊严地生活？我们是否可以说，如果这里的政府确保了最低基本水平的"水安全"，是否应干预此种不正义？

现在我们讨论哲学问题，我想说，当前的哲学争论揭开了全球层面社会正义的问题。

正义理论学家提出的问题是适用于一国境内或诸如欧洲等区域内的正义原则，是否可以适用于全世界？换而言之，西方世界的分配正义标准能否成为普遍标准？

至少存在两种对立的理论，第一种理论是由约翰·罗尔斯（John Rawls）和戴维·米勒（David Miller）所秉持；第二种理论则是范派瑞斯（Van Parijs）所提出。前者认为每一社区的文化背景和个体特征，诸如价值观、团结程度、惯例、语言和宗教，形成了正义的标准，其范围无法普遍适用。相反，范派瑞斯认为，全球化消除了边境，可以主张分配正义的标准可以适用于全球社区，但是必须在全球化世界的背景之下澄清标准。

但是，此种分歧并不是说罗尔斯和米勒全然属于漠视最穷困人群命运的阵营。也不是说范派瑞斯属于同情面临贫困国家的一员。相反，前者主张自由社会应承担某种义务，罗尔斯称之为"体面"（意指那些公认的公共理性国际原则），向社会体制无法向其成员提供体面的最低用水量的社会提供紧急援助。戴维·米勒甚至认为干预是富裕国家的一种义务，其应确保贫困国家的最低需求得到满足。然而，贫困国家政府应尽可能改善其治下大多数成员的境遇，此种援助只是作为补充之举。只有他们不断困扰于不幸事件的特定情况下，才应采取行动。

有的人提出，此种立场是否是慈善行为，而非正义行为。

弗朗索瓦·德茫热（François Dermange）教授认为，关于全球政府的争论已经进入了死胡同，但是，亚当·斯密在《国富论》中提出的劳动力分工理论是经济体系的关键，这可能是一种解决方案。即使此种理论可以追溯到十八世纪，但仍然与现今高度相关，即显著强调人员根据自我能力而交互之能力。

根据斯密著名的哲学家和搬运工例子，两者均在精神的相互关系中扮演各自的角色。因此，"苏格兰启蒙"哲学家并不是不具备阿玛蒂亚·森（Amartya Sen）所说的"能力"。森认为，鼓励开发每个人的潜力，而无论他或她是谁，或者他或她生活在什么国家，这至关重要。

水是一种公共产品与水是一种私有产品

水归类为一种公共产品或是一种私有产品，也就是所有权分类，对于供水具有意义。1954 年，萨缪尔森首次提出了公共产品的正式理论，认为公共产品具有以下三个特征：

- 不可分割；

- 破产不排除使用；

- 无需竞争即可获得该产品；

典型例子就是空气。相反，一种私有产品则具有分割性，破产即排除其使用，获得需要竞争。那么水是属于何种产品？这正我们所感兴趣之处。

在我发言之初谈到，水的多样性难以解释。如果水充沛而清洁，没有竞争或没有排他性，即属于公共产品。但是，如果水是稀缺的，或者受到污染，那么就满足私有产品的标准。

我们是否应得出结论，否认水权支持者和认为水是经济产品之人的观点？

我的回答是，我们需要权衡利益，寻找一种平衡，从而超越争论。两种概念均具可能性：不完美的公共产品和共同产品。

经济学家提出了不完美公共产品的概念，即产品满足一种私有产品的标准，但是对政治、社会和人类具有重要意义。水即属此种情况。

在瑞士除了楚格州以外所有州决定水为公共行业之前，这个理念可能是瑞士激烈争论的核心问题。在国际层面，我们应注意到，绝大多数国家认为水具有公共属性，也存在少数例外国家，例如英国和智利。

共同产品的概念可以运用两个例子予以适当说明，瑞士古代的水渠或者"灌渠"和阿曼的"拉贾"灌溉系统。共同产品的优势在于，可以共同管理以及保护相互利益。这些共同利益可以作为伦理定价政策的基础，会考虑社会、环境和研发成本，以及投资和事故风险。

我的意见是，根据本地条件、包括地理，尤其是政治和社会因素，决定适用最佳的概念。供水需要大量的财政投资，如果有相当精通法治的强大政府，那么可以进行公共管理。

另一方面，如果政府能力不足，那么，私人或社区管理可能是明智之举，需要澄清的是，除非存在名副其实的社区，否则此种管理也不可能实现。

结论

以上是我建构三种理念的意见，即水是一种人权，水是一种经济产品，或者水是一种公共产品。

1、关于生存所需的水量，则相应适用水是一种人权的理念。

2、关于卫生和健康所需的水量，如果一个国家存在强大的政府，可以维护基础设计，则相应适用水是一种公共产品的理念。

3、将水归类为一种经济产品，可以指导制定限制浪费，尤其是农业用水浪费的规定。

4、然而，关于奢侈需求，没有理由不适用市场规则。

5、总而言之，我认为这些理念应在本质上具有启发性，而不具有分化性。

26

公用品、公共产品、公共资源

伯努瓦·吉拉尔丹 (Benoît Girardin)

公共资源或"公共产品"

诸如保持灌溉的流域、维护的一片牧场或森林、保障和保护的泉水等领土或资源，属于公共资源，也称之为"公用品"。[65]公用品和开放获取资源存在不同，前者需要"合理"和"平等"使用，而后者是自由免费使用，且无限制。

埃莉诺·奥斯特罗姆因其公共产品的经济学著作而荣获 2009 年诺贝尔经济学奖。她论证了瑞士和德国西南部森林、蒙古草地和缅因州龙虾渔业的例子，在严格意义上而言，其并不能算作是一种财产，而是由社区负责治理的公共产品，更好且更有效率。责任的概念并不是来自于所有权、产品交换或某种血统，而是源于集合性和

---

[65] 参考文献中列出了埃莉诺·奥斯特罗姆（Elinor Ostrom）的某些著作。美国企业家和经济记者彼得·巴尔内斯（Peter Barnes）在分析公共经济治理分析中，试图将天空商品化而作为一种公共资源（天空信托）。也可参见公共产品平台。

持续性的责任，这与管理权更为相关。[66]责任是指"合理使用"，为未来保护资源。

诚然，这些传统管理模式追溯到绝大多数偏远世界，在相对有限的领土社区之内分享公共资源，从而确保其得以留存下去。地方、社区统治者或用户联盟管理和控制了相关土地或资源，而非一个遥远的中央政权。然而，关于公共产品，由于缺乏管理指南和受人尊重的当局，难以核查过度开采，而开放获限资源的过度开采则更难核查。水经济学家罗纳德·C. 格里芬（Ronald C. Griffin）并不鼓励我们采用诸如"公共产品的灾难"等流行语汇来描述困境。主要的灾难实际上是"开放获取"资源的治理。[67]

海洋塑料污染无远超越领土或国家领水的界限，各社区似乎无法治理这些海洋区域，这些海域可能看起来是抽象的概念。某种资源的公共治理或公共责任远远超越公共范围，似乎是一个巨大的挑战。可以在何种程度内确立公共责任以及某些强制执行措施是否可以执行？

因此，公共治理的方法必须从根本上予以重新建构。尤其是，公共产品的伦理治理应予重述：谁应负责？如何建构和改进责任？

---

[66] "管理权"之语源自古英语"steward"，指房屋监护或管家。彼得·巴尔内斯在其 2000 年出版的《空中的派》中，他认为管理权是利润、收入和分红限制和分享的框架：限量管制和红利补贴。

[67] Ronald C. Griffin 2016, p. 140.

向谁报告？通过何种激励措施予以促进？由何执行机构负责执行？通过何种途径核查？

当前诸如维基百科等共享知识和数字公地的例子，可以成为启发之源：其不是由一空家公司和私人所有，而是由一个非商业性作者社区所有，但应符合特定的质量标准，特别是可接受和公认的标准。根据用户认可的既定标准进行的核查程序，都可以发现宣传或贬损，以及方法论缺点。通过适用点名批评原则，则可以执行规则，在最糟糕的情况之下，甚至可以列出作者的姓名而为人所知、予以开除以及进行处罚。

然而，领土地区和开放获取资源可能需要更严格的管制。其实际上面临不合理获取、偷盗、毁损和破坏，可能危及未来。

人们也一直在寻求通过国际条约建立一个法律框架，可以参见丹妮拉·迪兹（Daniela Diz）的分析。最近的例子是 1961 年的《南极条约》，辅之以 1980 年（1982 年）的《南极海洋生物养护公约》（CCAMLR），随后的 1991 年签署了《南极条约环境保护议定书》，并于 1998 年生效。南大洋的三大体系称之为《南极条约》体系，最初是关于区域渔业管理机构的安排。[68]2016 年 10 月，在南极海洋生物资源保护委员会的支持下，起草了一个条约并

---

[68] 《南极条约》有 49 个国家签署，规定了南极（陆地和冰川）是非军事化区，宣布不得讨论南极的主权，禁止在南极处置放射性废物（第 5 条）；并建立了生态系统监控体系（CEMP）。

进行了谈判，确定罗斯海（Ross Sea）110 万平方公里的区域为禁渔区。[69]

如果没有人生活在南极洲，而只有渔民涉足，那么该等安排在多大程度上被认为是有效管理公共产品的多样性？因此，各缔约方在达成协议时并没有考虑居民以及常规用户的需要，也没有要求他们承担义务。在海洋塑料污染的情况下，社区则积极参与：即居民、用户，甚至是污染者，即使很大程度上是以非正式方式参与。他们应参与限制上游废物，以及收集下游废物。在没有激励回报措施的情况下，解决方案仍具有可选择性，由自愿协会、企业或国家进行控制和收集。根据湄公河或多瑙河流域治理的例子证明，自愿解决方案目前不能作为长期解决方案。[70]

即使埃莉诺·奥斯特罗姆关于用户之间顺利和高效沟通的结论是正确的，而且要求提升沟通的伦理性[71]，我们可以发现有必要实施激励措施，且由国家或国家集团制定规则，并予以强制执行。

---

[69] 《南极海洋生物资源养护公约》第 5 条规定了关于保护和养护南极环境的义务。

[70] 湄公河委员会（1995）和多瑙河保护国际委员会（1994）管理水质量和污染，以及水量、分配、运输和渔业问题。多瑙河的水银污染危机发生在相当有限的区域范围之内。

[71] 埃莉诺·奥斯特罗姆，2010，第 1 页，"只是允许沟通，或者廉价讨论，使得参与者减少过度收割以及增加共同支出，这与博弈理论预测相悖。尼泊尔灌溉系统和世界森林的大量研究质疑了一个假设，也就是在组织和保护重要资源方面，政府总是比用户做的好。"

在伦理方面，挑战与对责任的强调相关。污染者付费原则难以执行。由于此种情况下的污染者分散、小心谨慎、匿名及无法查证。最现实和负责任的解决方案是鼓励在上游收集垃圾，分类和回收，以便组织一项有所利润和创造就业机会的活动，而收入则来源于地方当局或企业协会和政府的罚款和拨款，以及出售回收产品。通过这种方式，可以更好地确定和监管责任。卢旺达的政策是一种真正的双赢政策，对其他国家也会有所启发。[72]还可以在沟通，社会责任和声誉风险的基础之下，实施责备和羞辱方案。

各州与各省可能会就上限达成一致，这涉及"总量管控"之类的计划，也将测量和确定超标量，而予以补偿性罚款。执行至关重要，因为其主要依赖于从塑料生产到扔弃及废弃过程各主要步骤的评估。

我们也可以想象，在生态系统内，生物多样性提供的生态服务与财政性、公共性和社区性努力之间存在一种合同或者交换。而运营的生态功能、自我维护和诸如制氧、授粉或水净化等系统弹性的结果是生态服务。其具有一个可衡量的经济维度，且应予以系统性

---

[72] 2008 年，卢旺达禁用塑料袋，控制可生物降解袋子的小量本地生产，推动分类和回收程序，创造就业机会：https://www.governing.com/topics/transportation-infrastructure/gov-rwandaplastic-bag-ban.html

衡量。[73] 现在，世界银行呼吁将生物多样性损失和气候变化成本纳入国民核算。各国应采用相互一致的整体性方法。

我们可以认为，公共产品包括了人类和非人类因素。

参考文献

Barnes, Peter 2006. Capitalism 3.0: A guide to reclaiming the commons. Berrett-Koehler Publishers.

Daily Gretchen C. 1997. Nature's Services: Societal Dependence on Natural Ecosystems. Island Press, Washington.

Grafton, R. Quentin. 2000. "Governance of the Commons: A Role for the State?" Land Economics, 76(4): 504-17.

Ostrom, Elinor (1990). Governing the Commons: The Evolution of Institutions for Collective Action. Cambridge University Press.

Ostrom Elinor, Walker, James (2003). Trust and reciprocity: interdisciplinary lessons from experimental research. New York: Russell Sage Foundation.

---

[73] 美国学者根据 1970 年麻省理工大学出版社出版的《关键环境问题研究与人类对全球环境的影响》，发展出了生态服务的概念，随后联合国秘书长委托编撰的 2010 年千禧年生态系统评估和 2005 年发布的国际报告在国际上确认了这个概念。1997 年，G.C.戴利（G.C.Daily）追溯了其历史。

Ostrom, Elinor (2005). Understanding institutional diversity. Princeton: Princeton University Press.

Ostrom, Elinor; Kanbur, Ravi; Guha-Khasnobis, Basudeb 2007. Linking the formal and informal economy: concepts and policies. Oxford: Oxford University Press.

Ostrom Elinor 2010. "Beyond Markets and States: Polycentric Governance of Complex Economic Systems" in American Economic Review 100, June 2010, p. 1-33 [this is a reworked edition of the speech before the Nobel Academy in Stockholm on December 8, 2009].

Toonen, Theo 2010. "Resilience in Public Administration: The Work of Elinor and Vincent Ostrom from a Public Administration Perspective". Public Administration Review, 70(2): 193-202.

期刊

International Journal of the Commons 2006 - published by The International Association for the Study of Commons (IASC)

27

水、重要需求和全球正义：伦理视角

埃弗莉娜·菲克特-维德曼 (Evelyne Fiechter-Widemann)

导论

我们尝试将"水是重要需求"和"全球正义"这两个概念建立伦理联系。

等而言之，如果日常用水需求未得到满足，则将产生众多危机：粮食和社会危机、不安全感、战争、饥荒、甚至死亡。专家们表示，上述威胁非常真实地存在。

人类用水的不平等实际上被记录了下来，而且得到了承认。根据联合国所称，10 亿人缺乏饮用水，26 亿人没有卫生设施。只有二分之一的人才有家用自来水。

这种用水不平等，每年仍在继续恶化。原因有许多，但我在这里只讲一个原因：政治体制。我们很容易判定，诸如美国和澳大利亚等民主国家比诸如某些非洲和亚洲"弱势"国家，拥有减缓水短缺或过剩的更好手段。

2000 年，国际社会制定了关于消除贫困以及水资源的千年发展目标（MDG）。然而，实施这些目标仍存问题。

我们是否应承认失败，或者是探索另一条务实的路径，以伦理标准引导 21 世纪的人类处理因水而产生的复杂挑战？

让我们选择这条路径，其目标是尊重自我，有的人渐行渐近，有的人则渐行渐远，赋予主导目标相异性，我认为这一要求在此情境之下至关重要。

我旨在发生一种正义，而且是具有全球性的特征，因为水是一种重要需求，由此，我将根据此种相异性或"差异性"标准，分析三种价值观：黄金规则、人类尊严和能力。

黄金规则是关怀而作为正义基础

16 世纪的英国牧师阐释说，黄金规则与耶稣登山宝训（马太福音 7）和平原宝训（路加福音 6）的核心内容相一致："你们愿意人怎样待你们，你们也要怎样待人"。

初看之下，上述格言认为正义乃是合作伙伴之间、施动者和受动者之间（即实施行为的人和承受此种行为的人）的平等性和互惠性。此种同义语令人想起同态复仇法，"以眼还眼，以牙还牙"。

保罗·利科（Paul Ricoeur）认为，应重新解释黄金规则，避免功利主义演变成"我给了你，你也应该给我。"通过爱的镜头，此句格言可以变得无私："我给了你，这是因为你曾经给我过。"

这位法国哲学家强调了慷慨、恩赐和同情，鼓舞我们为他人设身处地着想。因此，在某种程度之上，黄金规则掩盖了一种义务，施动者成为了受动者的债务人。慈善的撒玛利亚人的寓言（路加寓言 10:25-37）绝妙地证明了这一点。

在水是重要需求的背景之下，上述格言乃呼吁不要保持冷漠的一种请求，甚至寻求途径致力于为 10 亿人力争获得其生存所需的每天 25 升水。进一步而言，这可以让我们认为自己是未来世代的债务人。

总而言之，黄金规则需要正义，如果我们真正为他人设身处地着想，还需要关怀行为："要善待他们，并要借钱给人不指望偿还"。（路加福音 6:35）

我们再次引用利科之语，他呼吁"在我们的所有准则之中，同情和慷慨互相补充，逐步实现密切之结合。" ，

即使仍然"任重而道远"，承认应给予人类尊严，这是我们担负的责任。[74]

---

[74] Ricoeur, Paul. 1995. "Love and justice". Philosophy & social criticism, 21(5-6), pp.23-39.

"人类尊严"是平等而作为正义的基础

如果不关心人类，或者甚至没有一种"人类的（…）理想价值观"，那么就没有正义。[75]

圣经的先知们提出了人类尊严的概念，由皮科·德拉·米兰多拉（Pico della Mirandola）在文艺复兴期间首次提出了这个概念。随后，康德（Kant）强烈维护了人类尊严的概念，他相信所有个人应受到公平对待，只是因为他们属于人类。平等成为正义的一个标准。

"人类尊严"经历多种表现形式之后，成为了《1948 年世界人权宣言》的一个重要价值观，其作者们还生活在第二次世界大战恐怖的震撼之中。他们的目的是保护人民免受一个专横政府的侵害。

2010 年，联合国大会赋予了水是一种人权的地位，人类尊严的概念进一步提升，不仅包括诸如良心自由之类的权利和自由，还包括对体面生活的现实世界考虑：解人之渴，享良好卫生习惯之益。

那么，如何定义有尊严地生活？美国人每天消耗 1000 升水，而其他国家的人却难以获得每天 25 升的基本最低用水量，我们可以

---

[75] 穆尔容·雅克（Mourgeon Jacque）的这句话被引用于 Xavier Bioy, "La dignité: questions de principes" in. Gaboriau, S. and Pauliat, H. eds., 2006. Justice, éthique et dignité: actes des colloque organisés à Limoges les 19 et 20 novembre 2004. Presses Univ. Limoges. p. 59 ; see also Jacques Mourgeon, 2003, Les droits de l'homme, Paris : PUF.

接受这个事实吗？或者人类尊严的概念取决于背景，而对于以平等作为一项标准的正义造成极大的损害？

让我们讨论第三个价值观，能力，从而努力突破这一死胡同。

能力是自由而作为正义的基础

1998 年诺贝尔经济学奖获得者阿玛蒂亚·森在数年之前提出了能力的概念。

这让我们思考获取同一种资源的两个人，这种情况称之为"形式自由"，但不能将同一种"现实自由"转化为福祉或行动。例如一位残疾人可以实施的行为比健康人要少得多，因为他或她必须花更多的时间获得同等的行动力。

在饮用水方面，在我看来，这种新自由方法具有相关性，撒哈拉沙漠以南非洲的一个村的情况可以证明。村民已经意识到了水问题，村民大会决定出售几头牲畜，然后购买水泵。这一战略选择为妇女创造了新的"能力"，她们先前必须从数公里之外的地方取水回家。水泵为她们腾出时间从事其他活动，例如，可以用更多的时间教育孩子，或参加培训而有助于其获得一份工作。

正如我们所见，能力具有两个基本特征。首先，其可以将专门技能或收入转化为成就（"作用"，诸如上述例子中的孩子教育或者收入）。其次，能力与人类直接相关，尤其是亲自参与了取水问题，因此，让他们有机会独立设定自己的优先次序。

结论

在致力于最好地应对现在淡水和饮用水出现的混乱挑战的同时，关注于关怀、平等或自由是否是更佳之举？依我之见，这三个重要理念至关重要，但必定不能引起分裂。在第二次世界大战肆虐的暴行之后，平等在人权理论中具有优先地位，我们应与诸如阿玛蒂亚·森等东方思想家进行讨论，阿玛蒂亚·森似乎支持自由。与此同时，我认为，随同保罗·利科一道，绝对有必要再次为关怀和爱创造一个空间，尤其是通过黄金规则。

唯其如此，我们可以为名副其实的全球正义奠定基础。至少，我提出的水是一种重要需求的新伦理，乃是一种谨慎的路径。

28

保护责任是全球水伦理的可能性条件

埃弗莉娜·菲克特-维德曼 (Evelyne Fiechter-Widemann)

导论

责任是一种伦理，无法归入法学、社会学、哲学或神学之类的学科。从康德的先验哲学角度而言，这种模糊的概念至少可以被认为是行使基本权利和自由的"可能性条件"。

2010 年 7 月，联合国大会赋予了水的人权地位，将这种自然资源提高到价值论的层面，从而获得了捍卫的价值，且与其他人权共同成为不可剥夺的权利（参见《1948 年世界人权宣言》之序言）。

在此情况之下，国际社会至少默示认可水的人权属于自然法的范畴。让我们回顾古代的斯多葛哲学，其认为自然法是一种神性起源原则，理性统治了宇宙。基督教世界重构了这些概念，诸如宇宙（cosmos）变成为神创造的天地（creation），神性起源原则变成了十诫和基督律法。

因此，鉴于自然法的核心是人权，利用神学、伦理和法律视角等跨学科方法讨论保护水的责任，此乃有效之道。

神学视角

宗教改革家约翰·加尔文（John Calvin）认为神创造的天地是"神彰显其荣耀的剧场"，而神学家邦赫费尔（Bonhoeffer）则用极度仁慈的态度看待边缘化和遭受苦难之人，在其两人的教义支持下，全球水伦理可以和应该作为基础的各项原则，以一种正统和可靠的方式予以实至名归。这是人类授受神的指派而负责任管理自然且不得滥用的问题，与此同时，考虑最贫困人群的当前和未来需求。这些明确表达的原则推翻了中世纪史学家林恩·怀特（Lynn White）的观点，其认为基督教教义是当前生态危机的根源。

伦理视角

联合国专家创制了三个概念，供各国政府实施水人权所用。其被表达为三种责任，即总结为"尊重义务、保护义务和履行义务"。目前，这些义务或责任并不具有法律约束力，但可以从伦理角度予以澄清。从这一角度而言，其构成一个整体，依 我所见，尊重是保护责任的伦理动因，当完全认可责任性时，水权必定得到落实。

因此，这是负责任行为的动因，引起了我们的兴趣。尊重概念的范围是什么？在水是重要需求的背景之下，这不是指目前公认的恐惧、顺从或者保持与知名人士距离的意义。相反，这实际上是一个应考虑那些需要帮助之人的问题。

伊曼努尔·康德认为对于一个人的尊重也是对法律的尊重，保罗·利科发现施动者和受动者之间相对而立，而相互新生能够跨越两者对话鸿沟。关于水的方面，例如，一个政府关闭了不再支付账单的用户的供水，可以说明两个实体之间的不对称。利科认为，适用黄金规则，可以恢复天平两侧之平衡。这一格言使得我们可能在联合国专家为行使水权而提出的"尊重"义务中看到伦理规则，或者是神学规则。

法律视角

南非为水的人权问题及其相应责任作出了杰出的贡献。南非的1996年宪法确立了水权，在2000年签发的一项政府命令之中，规定了向偏远地区贫困黑人提供免费用水的规则。全国性的"免费基本用水政策"旨在向南非2300万居民中的约700万人提供每天25升最低量用水，解决其饮用、烹饪、个人卫以及家庭清洁的重要需求。这些规则是否成为了水人权目标的基础，即尊重人类尊严？由于此种免费用水需要补贴，这是国家预算的负担，而免费基本用水的人数减少，每名用水者根据他或她的方式为供水服务作出贡献，这符合国家利益。实际上，联合国专家对此问题相当确定，即水人权并不意味着免费用水权。因此，政府的挑战是通过法律，使用水可以负担得起。

显然，没有任何形式的国际监督可以确保"失败"国家通过的法律防止水价过高问题。而且，当私营公司承担供水服务时，经常可以发生水的滥用。正是为了实现阻止此种滥用的目标，联合国专家的指导以及南非的例子应发挥作用。

结论

关于保护义务的神学、伦理和法律视角，我只是概述了责任的特定类型，以及符合保护水使命准则的一种伦理责任。因此，这不是从道德或法律的角度来评估行为的责任归属。

在我看来，南非的水立法例子显然是履行保护水使命的结果，因此，这更倾向于伦理视角而非法律视角。尤为重要的是，难道水人权本身及其实施与上帝保护弱者中最弱者的命令没有关系吗？

29

可持续发展中的社会正义焦点：当前哲学讨论的某些挑战

伊莎琳·斯塔尔-格雷奇 *(Isaline Stahl Gretsch)*

水伦理研究会(W4W)的伊莎琳·斯塔尔-格雷奇整理了弗朗索瓦·德尔芒热（François Dermange）教授演讲的笔记。[76]

社会正义焦点

可持续发展中的"社会正义"焦点是经济发展（需求概念，特别是最贫困人群的需求）、环境保护（例如，从政治上限制特定技术的应用）和社会正义之间的联系。

1987 年布伦特兰委员会的报告将社会正义定义为满足贫困人群的基本需求，以下事项必须赋予其优先地位：

- 帮助最贫困人群

- 限制资源的利用

---

[76] 弗朗索瓦·德尔芒热是日内瓦大学神学系的伦理学教授。 他的研究重点是新教徒伦理传统和经济学及可持续发展的伦理。他原在法国巴黎高等商学院进行商业研究，随后进入安达信会计事务所提任顾问。

- 成本内化对贫困人群的累退效应

1992 年里约会议改变了焦点（其使用了布伦特兰委员会的标准，但予以了重述）：

在此次峰会上，首次提出了可持续发展三大焦点的相互依赖性和不可分割性。然而，和平取代了社会正义，成为经济发展和环境保护之后的第三个焦点。

关于分配正义，里约会议放弃了贫困人群优先的理念，反而倾向于讨论优先关注最弱势国家的发展（原则 6）和消除贫困，减少分歧和满足最大可能人群的需求。

分配正义

正义原则

1648 年的《威斯特伐利亚条约》结束了三十年战争，形成了法律与道德、法律与政策、国内法和国际法的三重分离。当西方民主国家确立这一体制之后，其首要原则被逐渐侵蚀。其他威斯特伐利亚原则似乎没有进行重新讨论，特别是国家是国内法的唯一渊源以及国际法的唯一主题。

20 年来，围绕着各个国家之内形成的正义模式是否在国家之间有效的问题，发生了全球正义的争论。西方民主国家广泛应用单一模式，但过度简化，也就是约翰·罗尔斯规则。正如他在《罗尔斯正义论》（1921-2002）中所述，他按字母顺序阐述了两项正义原则：

- *最大的平等自由原则*：每个人都应当享有平等的权利，从而享有最基本的自由权，而且所有人均处于同一自由体系之内。

- *差别原则*：如果由于各项职能和职位在公平的机会平等的背景下对所有人开放，那么承认社会和经济的不平等；众多最有利人群的改善伴随着社会众多最不利人群的改善（这一原则也称为"极大极小原则"）。

上述正义原则并不适用于全世界。

罗尔斯举的例子令人想到蝗虫和蚂蚁。如果两个国家拥有类似的资源，一个国家决定采用田园式生活方式，而另一个国家选择工业化，如果第二个国家比第一个国家富裕，则不能强迫第二个国家补贴第一个国家的需求，第一个国家必须承担其决策之后果。

从此角度而言，"蝗虫"国家存在普遍贫困问题的答案并非仅仅是在于再分配政策，此种再分配政策是将成本不公平地转移到"蚂蚁"国家，反而在于"蝗虫"国家如何看待自己。

人民繁荣的原因在于其政治文化和宗教、哲学和社会传统，这是其政治和社会机制基本结构的基础，另外在于国家成员的勤勉和合作能力，及其凝聚而团结人民的政治美德。

我们是否可以建立一个全球重新分配的体系？亚当·斯密捍卫这个原则：经济之功能是创造财富，大体上是重新分配财富。

弗朗索瓦·德尔芒热得出结论，水伦理不是一个水的问题，而是人类尊严的问题。

公正和责任

水伦理问题的核心则是责任之概念。[77]我们对什么负责，对谁负责？这个问题关乎于诸如公正和清偿能力等概念。

这是一种矛盾，或者说是互补性问题，在三种责任之中，两种责任传承于古代罗马：

-拉丁语允诺（sponsio）一词源自于 spondere，意指两个人互相承诺，而局外人，即响应人，作为互相承诺的保证人，因此，该人不应被认为是行事错误之人，而是应负责之人。这就是政府或者超国家机构承担的角色，意味着实施了某些法律工作，预测各实体将保证和谐，特别是与外部相关的情况下。

-根据罗马共和国的传统，其真正的基础乃是自由，以及拒绝服从。因此，人民参与相关的决策至关重要。必须诉诸平等和拒绝服从。

---

[77] 水伦理研究会(W4W)的伊莎琳·斯塔尔-格雷奇整理的弗朗索瓦·德尔芒热教授结论性评述的笔记。参见脚注 64；编者注。

-甘地和加尔文具有一个共同的想法。两人均认为最强势之人和最弱势之人及掌握更多资源之人和其他人之间存在不对称性。重要的是，手握权力之人利用权力为他人谋取福祉，而不是为自己谋利益。因此，我们讨论的是道德要求而非经济或法律问题。

今日的演示文稿都讨论了责任，也就是在互补性和差别性意义上的责任，这就是我们提出了某些复杂性问题的原因。

与此类似，水存在多种用途，所以我们不能清楚厘定是否属于基本需求（饮用、卫生、农业）。我们还要走多远？

30

美对激发尊重举足轻重—伦理的基石

伯努瓦·吉拉尔丹 (Benoît Girardin)

本文之目的是讨论培养一种尊重动植物种及其多样性的伦理和海洋、陆地和天空自然之美的责任伦理。

稳定和减缓全球变暖，以及控制生物多样性的迅速减少，均需要情感敏感性，甚至是激情，而激情在词源上具有痛苦和同情之意。这两个挑战要求各国社会，以长期存在且源自于美学和情感管理的经济基本原理为导向，而此种情感管理源自于好奇和激情，从而重新阐述管理权责任。

面对自然场所的污染和生物多样性的流失，我们主张生境的自然之美，栖息于此的生物物种种类庞多，而且认可对其之尊重。我们面对自然之美的部分克制源自于现代西方哲学审美判断传统的精髓，这始于启蒙运动，观察家的倾向是表达快乐和提出品味标准，[78]而古代和中世纪传统明确认为美是理想和具体的存在，[79]美是一种内在品德或范畴，适用于不相关一切的事物。

然而，如果断言审美方法的主观性或相关性，并不是否认自然之美。伊曼纽尔·康德也如此认为，他坚称品味的主观性标准和实际审美判断的可能性条件之后，强烈主张美和赞美的感受，这是海洋及其深邃启发了他，而没有考虑功利性。[80]这毫无疑问地反映了自然的崇高，超越了审美范畴和人类艺术的美。此种崇高性产生了

---

[78] 除了英国传统强调判定某些审美判断标准是错误之外（哈钦森，休谟），康德称美的判断是独一无二的，不可能普遍化。而根据美学规则无法表述品味规则。艺术作品之美仍然与艺术家传达的讯息和创作背景相关。

[79] 我们分别讨论以下学说，柏拉图学派强调秩序、清晰、和谐和平衡的特征，而酒神精神学派则强调充沛、感官享受和热烈，看到可以感知到的东西，而玛丽·马瑟西尔（Mary Mothersill）在 1984 年的《美的恢复》（Beauty Restored）发现了美的内在品质，这是莎拉·斯图尔特-克罗伯（Sarah Stewart-Kroeker）教授的基本、简单和非贡献。中世纪的经院哲学逐渐赞同存在是一种善、真实和美好，即所谓的"超自然"。翁贝托·艾可（Umberto Ecco）在《中世纪的艺术和美》（Art and beauty in the middle ages）（耶鲁大学出版社，2002 年）（译自法文 Art et beauté dans l'esthétique médiévale，巴黎：格拉塞出版社，第 3 和 5 章）回顾了这种演变，由菲利普校长在《论善》（Summa de Bono）提出，然后是欧塞尔的威廉（William of Auxerre），再由大阿尔伯特（Albert the Great）的《狄奥尼修斯〈论圣名〉》（Super Dyonisium de divinis nominibus）予以理论化。艾可论证了托马斯·阿奎那（Thomas Aquinas）的《神学大全》（Summa Theologiae I, q.39, a.8, ）融合了教堂彩色玻璃的传统，强调了明净和透明，然后论述了邓斯·史考特（Duns Scot）和奥卡姆的威廉（William of Ockham）的转型，其强调美与个人独特性的关系，主张此种独特的直觉力：Ecco U. 1997, ch.9.

[80] 康德在其《判断力批判》第 26-30 节分析了崇高，他谈到了海洋深邃之美（第 29 节）。第 30 节的另一段，则谈到了海底自然的奢华之美，而人类之眼却难以窥视。

难以接近之感，自然被认为不仅是一种产生恐惧的力量，例如恐惧迅猛的海洋，而且是一种迸发诗意的力量。因此，看到主观主义和现实主义之间的矛盾，只是幻觉而已。

即使传统伦理和审美是单独领域，审美的阐述更加明确，美国林业工程师，后为成为威斯康辛-麦迪逊大学的教授和哲学家的奥尔多·利奥波德（Aldo Leopold）（1887-1948）乃是一位先驱。他认识到野外捕食者和受猎者之间系统性平衡的重要性，开始提出一种生态伦理，然而增加了美的维度，因而明确阐述了伦理与审美："*当一种事物趋于保护生物群落的完整性、稳定性和美时，乃是正确的，反之就是错误的。*"[81]因此，严重减少生物多样性而将其削弱的某种事物，可能被认为是对于美的抨击，或者是对美的威胁。

通过借鉴 G.E.莫尔（G.E.Moore，1873-1958）、盖伊·西尔塞洛（Guy Sircello，1923-2008）和玛丽·马瑟西尔（Mary Mothersill，1923-2008）[82]最近的创新性哲学思考，他们主张恢复

---

[81] Aldo Leopold 1949. p. 262. 也可参见他对土地伦理的思考（p.244）。"简而言之，是要把人类在共同体中以征服者的面目出现的角色，变成这个共同体中的平等一员和公民。它暗含着对每个成员的尊敬，也包括对这个共同体本身的尊敬。"

[82] G.E.莫尔在内在美方面超越了理想主义和怀疑主义，他在 1903 年《伦理学原理》（Principia Ethica）中表示，在审美评价过程中发现的总价值超过了观察者的价值和被观察者的价值（《伦理学原理》第 18:2 章）。盖伊·西尔塞洛在 1975 年的《美的新理论》（A New Theory of Beauty）认为美是指没有缺陷（个体现实的实际或可分析特征）。也可以参见《伦

美的重要性，我们可以确定动植物世界的四个内存特征，从而与美的维度实现共鸣：1）多样性、华美之迹、自然的慷慨；2）整体持续运动中的交互一致性或平衡性；3）创新和独特的适应性；4）动态节奏和弹性，并将其认为是和谐、崇高和美的标志物。

这些生物多样性热点，这些场所是特别物种的家园，以及物种吸引全世界仰慕者的家园，乃是有原因的。

我们确认了一种美之伦理，认可除了经济生存能力、纯利润或简单生物可持续性以外的价值观。

因此，伦理方面的主要问题在于确立可以区分的标准，一方面自然资源的可持续开采并不排斥某种程度的灭绝，另一方面则是自然资源的过度开采。尤为重要的是，我们星球的历史表明曾有物种灭绝，例如恐龙，或者将要灭绝，而也有新的物种不断出现。生物多样性既不是停滞不前的，也不只是保护。根据生物多样性损失的数量和迅速程度，这破坏了物种及其环境的相互依赖性，不可逆地破坏或永久性削弱自然节奏的动态和谐、动植物系统的平衡和整体弹性，从而可以确认过度开采的断裂线。这也可以或应该从动物所受的痛苦、动物摄取塑料微或受残物损害后的窒息来予以分析。现在来自不同背景的思想家反对动物受到痛苦以及主张尊重动物。[83]

理、政策和环境—哲学与地理杂志》（Ethics, Policy and Environment. A Journal of Philosophy and Geography）1998 年以来发表关于自然之美的许多文章。

[83] 我们参考艾伯特·魏德策尔（Albert Schweizer, 1875-1965）的哲学

除了正义考虑，即什么是正确的行为，我们也重新找到了尊重的伦理，这与超人类中心伦理相悖。且不论动物的权利，从严格意义上而言，[84]动物所受的痛苦，特别是不必要的情况或者出于纯牟利的逻辑而导致结果，显然越来越遭到明确和广泛的抨击。那些对于动物的痛苦漠不关心，或不承认这种痛苦，或者残酷地施予动物痛苦之人，乃将声名狼藉。

因此，问题在于尊重和审美的重要程度。这是一个绝对人类中心伦理的转变问题，或者无限制的超人类中心主义，趋于*相对或现代性的人类中心伦理*。[85]现代西方伦理将通过更好地整合亚洲对美的欣赏维度而受益。印度哲学也有影响，特别是耆那教、印度教和

思考、切萨雷·戈雷蒂（Cesare Goretti，1886-1952）关于动物是法律实体的法律思考，以及西班牙哲学家荷西·法雷塔·莫拉（José Ferrater Mora，1912-1991）的"包容主义者"思考。汤姆·里根（Tom Regan，1938-2017）认为某些动物具有智力，David Sztybel 1998 art. Encyclopedia of Animal Rights and Animal Welfare; Peter Singer 2004, pp. 60-70; 1995; Brennan A. & Yeuk-Sze L. 2013, art Environmental Ethics, in Stanford Encyclopedia of Philosophy.

[84] 2013 年，《瑞士民法曲》确认动物不是物件，并规定了动物保护规则：参见关于 2003 年 4 月 1 日执行一系列措施的政府决定。印度佛教帝王阿育王（公元前 3 世纪）、中国皇帝梁武帝（公元 6 世纪）、日本天目天皇（公元 7 世纪）和印度王鸠摩罗波罗实施了第一批动物保护法。

[85] 威廉·格雷（William Grey）提出的"肤浅人类中心主义"似乎比"人类优越论"更为适合，后者难以得到支持。生物中心论和物理中心论可以削弱责任和伦理。

佛教，其珍视尊重，具有不太强烈的人类中心主义，这证明是有益的，而且可以实现平衡。[86]

在这两种情况之下，我们都会看到团结和拒绝分裂的价值，根据马克斯·韦伯的建议，责任伦理关注于我们政治、社会和个体行为的结果，以及道德的信念则以遵守原则为核心。

当然，本文所述的伦理方法关注于结果，因此是慎重的极简主义。因而可以视为最务实和最具吸引力，也具有有效执行的最佳机会。

参考文献

Barnes, Peter (2000). Pie in the Sky. Washington D.C: Corporation for Enterprise Development.

Barnes, Peter (2000). Pie in the Sky. Washington D.C: Corporation for Enterprise Development.

Barnes, Peter (2000). Pie in the Sky. Washington D.C: Corporation for Enterprise Development.

Daily Gretchen C. 1997. Nature's Services: Societal Dependence on Natural Ecosystems. Island Press, Washington.

Derrida Jacques, 2008 The Animal that therefore I Am, New York: Fordham University Press [from French

---

[86] 弗朗索瓦·郑（François Cheng）在 2006 年和弗朗索瓦·胡连（François Jullien）在 2010 年也有关于此种跨文化相遇类型的类似思考。

translated. by David Wills, L'animal que donc je suis. D'une Différence à l'Autre. Paris, Galilée 2006].

Ecco Umberto, 2004. Histoire de la beauté. Flammarion.

Ferry Luc, 1998. Le sens du beau : aux origines de la culture contemporaine, suivi d'un débat Ferry-Sollers sur l'art contemporain. Paris, Editions Cercle d'art.

Fontenay de, Elisabeth, 1998. Le silence des bêtes. Paris, Fayard.

Jullien François, 2010, Cette étrange idée du beau. Dialogue. Paris, Grasset.

Lacoste Jean 2003 les aventures de l'esthétique : Qu'est-ce que le beau? Paris, Bordas.

Laupies Frédéric, 2008. La beauté. Premières leçons. Paris PUF.

Leopold Aldo, 1949. A Sand County Almanac New York - Oxford University Press. [Republished in 2013. A Sand County Almanac and Other Writings on Ecology and Conservation New York: Library of America; the chapter "Land ethic" was also republished separately in 2014 in The Ecological Design and Planning Reader (pp. 108-121). Island Press/Center for Resource Economics.

Moore, Georges Edward and Baldwin, Thomas ed, 1993. Principia Ethica. Cambridge University Press.

Moore, Ronald 2006. "The framing paradox" in Ethics Place and Environment, 9(3), pp. 249-267.

Moore Ronald 2010. Natural Beauty: a theory of aesthetics beyond the arts. Broadview Press.

Mothersill Mary, 1984. Beauty restored, Oxford: Oxford University Press.

Ostrom, Elinor 1990. Governing the Commons: The Evolution of Institutions for Collective Action. Cambridge, UK: Cambridge University Press.

Ostrom, Elinor; Kanbur, Ravi; Guha-Khasnobis, Basudeb 2007. Linking the formal and informal economy: concepts and policies. Oxford: Oxford University Press.

Ostrom Elinor 2010. "Beyond Markets and States: Polycentric Governance of Complex Economic Systems" in American Economic Review 100, June 2010 [this is a reworked edition of the speech before the Nobel Academy in Stockholm on December 8, 2009].

Singer, Peter 1995. Animal Liberation. Random House.

Singer, Peter 2004. One World. The Ethics of Globalization. Yale 2nd edition.

Sircello, Guy 1975. A New Theory of Beauty. Princeton NJ, Princeton University Press. reed 2015.

Sztybel, David 2006. A living will clause for supporters of animal experimentation. Journal of applied philosophy, 23(2), pp. 173-189.

Toonen, Theo 2010. "Resilience in Public Administration: The Work of Elinor and Vincent Ostrom from a Public Administration Perspective". Public Administration Review, 70(2): 193-202.

期刊

Ethics, Place and Environment. A Journal of Philosophy and Geography1998-2010; followed by Ethics, Policy and the Environment 2011-, University of Indiana.

Journal of Animal Ethics, published jointly by the Oxford Centre for Animal Ethics and the University of Illinois, 2006.

31

深度思考：神话在伦理行为中的作用

萨拉·斯图尔特-克勒克尔 (Sarah Stewart-Kroeker)

> *"人们怎样解释大自然为什么这样豪奢地处处散布着美，甚至于在大海洋的底层，人眼很少达到的地方等等。（美只是对于人的眼睛才是合目的性呀！）"*
>
> *康德，《判断力批判》*

尽管技术可以让我们探索海洋深处，然而，海洋依然非常神秘。海洋之美、海洋重要而危险的属性增添了神秘色彩，从而成为神话和传奇。从荷马的《奥德赛》到梅尔维尔的《白鲸》，再到因纽特人的瓜鲁帕利克海怪，对于海洋的想象充满着险恶的力量。

神话（mythos）是叙事的一种形式。神话通常是指阐释世界起源、历史和自然现象的叙事体裁，往往演绎超自然人物或事件，而且经常通过口头或传说流传。但从更广义而言，神话也反映了事件、人物或诸如海洋等其他物体的理想化或形象化概念。梅尔维尔的《白鲸》就是一个典型的例子。在莫比·迪克（Moby Dick）的小说里，通过叙事和赋予其特征化，白鲸这种生物获得了神话地位。在广义上而言，神话通过超自然、理想化和形象化叙事来叙述或阐述世界。神话故事超越体裁和日常生活。

神话与伦理有什么联系呢？故事解释生活的意义是道德的重要组成部分。含意叙事（包括神话故事）的解释和质疑，某种意义上是伦理知识工程的核心。根据环境伦理学家威利斯·詹金斯（Willis Jenkins）所言，神话体裁是生活意义和价值观的文化载体。若此，即使无意或者默示，神话故事是伦理行为不可分割的一部分。因此，哲学和神学本身也关注神话。这也是由于神话可以等同于一个虚构和错误的理念，通过叙事重复而传播。

一个原因可以解释人类为什么会污染环境以及引起气候变化，这只是我们对于自然世界的认识程度。我们按个体实施行为和思考，仿佛我们可以希望在日常生活的小范围区域看到行为的结果。但这些行为的结果远远不仅限于我们直接生活的地方。而且不只是由于个体的能源消耗影响了全球变暖，影响了不同的人群，而且更为具体的是，由于就地扔下的垃圾可能最终漂流到海洋远处。所需的行为尺度远远超过个体层面。

在处理行为和效果之间的关系时，而此种关系同时逐渐全球化和个体化，其中面临的一个挑战是调和人类行为的两个尺度：个体尺度和集体尺度。[87]困难在于集体层面包罗万象的数字超乎于个人

---

[87]　Willis Jenkins, "The Turn to Virtue in Climate Ethics: Wickedness and Goodness in the Anthropocene", Environmental

经验之外。神话体裁有助于建立两个维度的对话。神话体裁是生活意义的文化载体。[88]据此而言，这使得我们融合这两种行为尺度，即个人尺度和集体尺度。如此而为，神话体裁融合了文化价值和理想以及宗教和精神价值与理想，让我们在某种框架里重新叙述个体行为，而此种框架所赋予的意义超越了个体。

然而，我们必须谨慎行事，因为海洋本身是生命和死亡之源，神话既有光明，也有晦暗，其不仅令人追求崇高的行动，也可以使我们陷入疯狂（梅尔维尔的小说仍然是一个崇高行为以及由于追求成为理想人物而导致行事疯狂的典型例子）。面对环境挑战，如何解决与公众沟通的问题，意味着思考如何提高公众的意识。

布鲁诺·拉图尔（Bruno Latour）发现生态学家被指责采用末启修辞法策略。[89]这些指责加之过度的歇斯底里，扭曲了生态危机的讯息表达，将危机的现实变成了一种虚构之事，一种贬义的神话。根据《纽约客》的记者伊丽莎白·科尔伯特（Elizabeth Kolbert）所言，这种歇斯底里的表现反映了我们无法直接接触现实的困难。[90]拉图尔和科尔伯特比较了生态危机的怀疑主义和特洛

Ethics 38:1 (2016)

[88] Jenkins, "The Turn to Virtue", 87.

[89] Bruno Latour, Face à Gaïa: huit conférences sur le nouveau régime climatique (Paris: Éditions La Découverte, 2015), 251.

[90] Elizabeth Kolbert, "Greenland is Melting", The New Yorker, October 24, 2016 Issue, http://www.newyorker.com/magazine/2016/10/24/greenland-is-melting.

伊人不信任希腊神话人物卡珊德拉的警告，卡珊德拉预言特洛伊人会战败，但徒劳无用。[91]

无论是气候变化还是海洋的塑料泛滥，除了强调生物学、化学和水力学分析的重要意义之外，也必须进行伦理反思，虽然表达此种现实，但不是采用传播知识的严格体裁，而是使用意味深长和富于想象的体裁。伦理行为的源头来自于赋予其意义的框架，而这种框架以某种方式根植于理想化或形象化的叙事。一种伦理挑战的表达不应忽视行为来源的此种方面。这种表现作品伴随着一种沉重的责任。如果一个神话具有动员之能力，另一个神话可以是谎言、动摇信任并迫使采取行动。

当我们问自己一个问题"海洋泛滥着塑料，这是神话还是现实？"，我们可能看到神话和现实之间、虚构和真实之间的对立。我认为，区别忠实反映我们所理解现实的神话以及不能反映我们所理解现实的神话，更具价值。

为了支持这一说法，我将运用理想国的例子。在该书之中，苏格拉底试图说服其同伴，正义好于非正义。显然，苏格拉底的同伴理解的正义概念并不一样。苏格拉底和格劳空所述的不同城市即可证明这一点。苏格拉底的城市简单而健康，而格劳空则看到毫无人性的生活，一点也不奢侈。[92]格劳空没有看到苏格拉底所看到的正

---

[91] Latour, Face à Gaïa, 283; Kolbert, "Greenland is Melting".
[92] Plato, The Republic, II.372d-374e.

义。为了回应此种僵局，苏格拉底只能转而诉诸于神话，也就是讲述神的故事，除此之外，没有更好的解决方案。[93]苏格拉底利用神话体裁构建了不同的价值观。

如何教育以正义守护城市的卫道士们？他们必须学会区分真相与谎言，真实的故事和错误的故事。[94]为了告诉他们这一点，我们必须从教育儿童的寓言开始。苏格拉底列举了古希腊神和英雄的全系列故事，以及这些故事中所有虚假的方面。他继续论证，除去了神的特征且通常与神话相关的象征物：内部争吵、争风吃醋、引诱的伪装等等。苏格拉底对这些故事抽丝剥茧之后，全部是纵情声色和权力的滥用，这些正是格劳空所认为的人类根本欲望。在此情况之下，苏格拉底巧妙地反驳了格劳空的观点，即如果可以，每个人都将沉迷于纵情声色和权力的滥用。 而格劳空的想法则是另一个神话，也就是古各斯的戒指。[95]苏格拉底想要证明，他的同伴从小听到的诸神故事如何扭曲了他们的欲望。[96]他强调了一个事实，即这些神话应该与神的真理相一致；[97]其具有某种透明性，揭示了现实。[98]

---

[93] Pla. Rep. II.376d-III.403c.

[94] Pla. Rep. II.375a-383c.

[95] Rep. II.359c-360d.

[96] Rep. II.377a-378 e.

[97] Rep. II.379a-383c.

[98] Lambros Couloubaritsis, Aux origines de la philosophie européenne (Bruxelles: De Boeck, 2003), 57.

然而，令人好奇的是理想国被认为是基于一个明显是谎言的创始神话。[99]这个创始神话告诉我们，每个公民出生时的灵魂带有了金、银或铜，这种灵魂决定了一个人在城邦中的地位。此种神话建构了孩童与父母的分离，强调在功能方面对人的控制。

但是，正如苏格拉底所言，我们必须区分一个神话与另一个神话，区分真相和谬误，甚至是在柏拉图的文本中也是如此。其中存在众多矛盾之处。这是文本的讽刺吗？苏格拉底含蓄地促使我们在苏格拉底式的教授法中审视这个城邦的创始神话吗？而此种教授法强调诸神的神话必须忠实于神的真正高贵品质？这个神话是否反映了真正高贵品质，是否揭示了现实，是否在伦理上教育了人们？如果苏格拉底所说的教育首要目标是学会区分真实故事和虚假故事，金属的神话是否是一个教育的测试？根据金属的神话，一个人试图说服统治者，他们的教育就想是在梦里一样，而实际上，他们在地度下接受教育，然后被送到地表，这一事实增加了此种怀疑。[100]这是否洞穴寓言的对应物，准确而言，教育包括了逃离地下的形象化表述？

除了作者的意图，在我看来，金属的神话模糊了现在所理解的世界，反而代表了一种形象化的世界。而且，这个神话支持一种威权主义政体，我们在当前背景之下不可能支持。对我而言，这个神

---

[99] Rep. III. 414b–415d.
[100] Rep. III. 414d.

话不仅是从政治角度的怀疑，而且是从伦理角度的问题。在柏拉图的文本之中，我们可以区别两种类型的神话：揭示现实的神话和掩盖现实的神话。

神话体裁颇具力量，正是这个原因，必须谨慎理解其所表达的世界及其产生的价值观。然而，如果我们认为神话是意义和价值的载体，可能吸引精神和动员行动，我们就不能没有神话体裁。

让我们回到以下问题，神话如何被用于表达一个问题的意义和价值，诸如海洋污染，而海洋的深度越出我们（绝大多数人）的直接经验。当然，神话表达现实的一种方法是艺术表现。一个例子是 2017 年 9 月将在日内瓦举办的土著艺术展，这与日内瓦民族博物馆举办的"回旋效应—澳大利亚土著艺术展"相关。托雷斯海峡（Torres Strait）波姆普罗（Pormpuraaw）艺术家的幽灵之网项目包括了失落或遗弃渔网创作的雕塑，这被称之为幽灵之网。[101]其被仍入海洋，随洋流漂动，而有害于海洋生物。

研究人员、管护员、志愿者和艺术家组建一个团队，来帮助处理这些幽灵之网。[102]清理工作过程中，他们用其创作了海洋动物的雕塑。这项艺术运动致力于提升对污染问题的认识，不仅是为了海

---

[101]　http://www.artsdaustralie.com/pdf/Presentation-oeuvres-Pormpuraaw.pdf

[102]　The following information on the ghost net exhibit was provided by the UNIGE Communications Department. See also http://www.artsdaustralie.com/pdf/sculpture-ghostnet-aborigene.pdf.

洋生态，而且是为了以海为生之人。除了经济挑战，受到污染影响的众多海洋动物对于土著人群具有图腾价值。海洋污染也不能威胁到了某些文化的神话基石。

这些渔网被称之为"幽灵之网"，也强调了危险和神话意义之间的联系：此语不仅具有形象意义，也具有超自然意义，有人可能会说，这就是神话意义。然而，这些渔网构成了一种现实的危险，但此种危险也有形象化的表现，就像是另一土著的神话生物—因纽特人的瓜鲁帕利克海怪。瓜鲁帕利克海怪是一种类人生物，生活在海洋之中，偷盗游荡靠近海岸的孩童。瓜鲁帕利克海怪代表着一种现实的危险，也就是溺亡，但采用了神话表现形式。这个神话的目的是以一种形象化的方式传达应保障社区孩童安全的认识。

幽灵之网通过形象化表现形式表达了一种具体存在的危险，但在这种情况之下，叙事的目标观众比社区更加广泛，因为此种生态系统安全的伦理责任和依赖于此种生态系统安全的人超越了土著社区。而且，这个项目甚至远不只形象化表示一种具体的危险。这个项目将有害物质转化为一种物体，不仅提高了对于危险的认识，而且也创造了物体之美。通过艺术创作，艺术家们找到了转化对海洋有害物质的方法，不仅可以通过回收利用而转化，而且可以创作作品，传达他们的讯息，提高对于陌生情况的认识，而且远远超越目标观众。我们看到了渔网的材料，而且也看到了他们所伤害动物的代表形象。通过此种方式，具体而象征意义的艺术创作最终可以产生这些海洋动物的图腾价值。

神话体裁的另一种表达方式当然是通过言语。什么样的言词、隐喻或者叙事有助于我们思考海洋的深度以及威胁海洋的塑料污染，而不用模糊现实（是否通过扩大或最小化）？至今为止，我不敢为这个问题给出一个具体的答案，就像是幽灵之网项目，因为这需要多学科协作，包括科学、人文学科、艺术、记者界以及更多领域的研究人员。鉴于此，我非常高兴可以参加此次汇聚各领域学者的研讨会，让我有机会了解海洋污染的更多现实情况。[103]

---

[103] Stewart-Kroeker S. (2017): Pilgrimage as Moral and Aesthetic Formation in Augustine's Thought, Oxford: OUP.

附录 水伦理：原则与准则

经全球伦理网批准

序言

总部位于日内瓦（Geneva）的一个组织水伦理研究会（W4W），向全球伦理网呈交了《水伦理：原则与准则》，其由伯努瓦·吉拉尔丹博士（Dr.Benoît Girardin）给予了思想和编辑上的指导。全球伦理网的合伙人和董事会成员审阅了《水伦理：原则与准则》讨论稿。根据该领域专家提交的意见，显著丰富了内容，形成了当前的文本。特别感谢水伦理研究会成员（埃弗莉娜·菲克特-维德曼博士（Dr. Evelyne Fiechter-Widemann）、加里·瓦奇库拉斯博士（Dr. Gary Vachicouras）、安妮·巴莱博士（Dr. Annie Balet）、洛朗斯-伊莎琳·斯塔尔·格雷奇博士（Dr. Laurence-Isaline Stahl Graetsch）和克里斯托夫·斯图基博士（Dr. Christoph Stuecki）、伊尼亚斯·哈兹博士（Dr. Ignace Haaz）、埃马纽埃尔·安萨教授（Prof. Emmanuel Ansah）、苏珊·莉·史密斯教授（Prof. Susan Lea Smith）、克里斯托夫·司徒博教授（Christoph Stückelberger）、普世水网络、理查德·赫尔默先生（Mr. Richard Helmer）（世界卫生组织环境健康部前雇员）、世界面包组织、水企业家、红十字国际委员会、学习共同体及其他组织和个人。最后由原作者们整合了文本。

本文本由全球伦理网创始董事会于 2019 年 8 月批准

一、导言

水是所有生物的不可或缺之物。水是有尊严生活的关键元素，也是一切人权的基本条件，没有水和食物，其他权利皆为空谈。水是人类和所有生物至关重要的共同需要，包括植物、动物以及大气层。

众多国际性文件涉及到水：《联合国人权宣言（1948 年）》第 3 条和第 25 条；《国际经济、社会和文化权利公约（1966 年）》（ICESCR）第 11 条；《公民权利与政治权利国际公约（1966 年）》（ICCPR）第 6 条；1977 年联合国水会议发布的《马德普拉塔行动计划》；1992 年联合国水与可持续发展国际会议通过的《都柏林原则》；联合国经济与社会理事会（ECOSOC）2002 年第 15 号评注第 1 条等条款；2010 年 7 月联合国大会通过关于享有水和卫生设施权利的第 64/292 号决议。为所有人提供水也是《联合国可持续发展目标》的核心（SDGs，目标 6）。联合国其他机构，诸如世界卫生组织（WHO）、联合国儿童基金会（UNICEF）、联合国粮食及农业组织（FAO，《2005 年粮食权自愿准则》）和联合国教育、科学和文化组织（UNESCO）也发布了各类宣言，更不必说世界基督教会联合会和普世水网络于 2006 年发布的《生命之水声明》和 2005 年发布的《瑞士-巴西普世水宣言》。

全球伦理网重点强调关于水的伦理考量，包括水资源管理和利用的操作和实践维度，从而补充和完善上述国际性文件的内容。

全球伦理网的关注在于，高等教育界伦理学界将水问题作为一个跨学科课题进行研究而做出的贡献，这个课题将影响所有生物以及大学教职工。从农业到环境、从建筑/住房到城镇化、从人类学和神学到经济学和政治科学，众多学科都在教授和研究水资源利用和管理的伦理问题。在全球伦理网学院的可持续性发展及其他在线课程、全球伦理网图书馆资源以及全球伦理网已出版的系列著作中，水已经成为重要课题。

地方、区域和全球导致的水资源可持续利用需要所有使用者：个人、家庭、公共当局、私营部门和政策制定者承担起差异化和综合性的责任。

二、当前水问题：案例与挑战

1、各类用水者的认知

淡水资源一直以来都是有限资源，有的地方淡水资源不足，通常存在分配不均及用水不公之问题。人们逐渐认识到了水资源全面稀缺的形势。越来越多的水使用者意识到，饮用水和水道的使用很快将达到极限，也很快将面临与健康相关的污水问题；我们不能再继续认为或者假装认为，全部水资源都能满足一切用水者的需求。这种认知影响了所有用水者，从个体、家庭、地方和区域当局、流域居民、农民、工业家、私营业主，到国家，甚至是国际社会。

2、全球责任与团结

水资源的利用让同一流域的居民、同一水道或水面的沿岸居民、同一口井或同一水源的用水者团结起来。因此，这需要承担起共同责任，也需要政治意志和地理区域的团结。然而，某些个别沿岸社区始终而且仍然忽视这种团结，他们不愿意合作。

3、历史演变

在历史进程之中，水资源的利用不断演变，特别是遥远的过去，气候变化引发了干旱，以及最近的工业化、集约型农业化和迸发的城市化。通过修建水坝和保护性堤坝，洪灾、干旱和水资源短缺问题已经得到了缓解。诸如洪灾、干旱和污染等极端事件已经使人们意识到需要更好地管理水资源、调节径流，而且应当更好地应对与水相关的灾难。然而，这些缓解措施和干预手段可能并不充分，而且由于能力不足，也可能导致执行的延误。

4、意识的差异。浪费与忽视

在水资源相对性短缺的背景之下，城乡具有不同的传统、文化价值观和认知，从而形成不同的意识，而当前的某些问题则与这些意识有关。现在的情况是，以正常水压通过水网、管道和水龙头供水，换而言之，即相对性充裕，但与上述意识并不相适宜。城市水网的无节制用水、农业的过度灌溉以及工业领域存在的某种程度的过度用水，以及不能充分认识到任何水资源的利用需要经过水处理，都可以证明上述论断。此外，古老的模式仍在持续，妇女承担诸如取水和供水、烹饪、清洗等沉重的任务，而男子则负责驾船、捕鱼和灌溉。

5、复杂性和脆弱性。暴露与易损性

现在，人们越来越清晰理解水是高度复杂和相对脆弱系统的一部分。然而，更深入的一种理解是，应从上游到下游，从泉水或地下水的提取到废水和污水的处理，考虑水的循环。由于污染或只是病原体的传播、微量污染物和塑料微粒的扩散，都会造成严重的后果，人们现在比以往更加清楚地明白了水在食物链中的重要性。

6、水资源过度利用和节制利用之努力

由于城镇化和人口增长、集约化农业和工业、水力发电和其他形式的利用，用水需求不断增加，水资源面临极大之压力。根据水资源的来源不同，这可能导致水资源的估价存在更为显著的差异：抑或是地下水或径流排水，或淡化水，抑或是来自河流、湖泊、沼泽或海洋的水。通常大量使用淡水的农业、灌溉和工业，最好是考虑使用过的水。

7、节制水资源过度利用的技术与经济努力

在水资源利用方面，饮用、洗浴、洗涤或清洗等特定目的用水与冲洗、冷却、灌溉、加热、输电或发电用水往往分离，甚至完全分开。需要进一步优化水利用的回收。区分废水收集系统与雨水收集系统则有利于更高效用水。水处理将极其利于增加获得可用之水

的数量。技术解决方案可以更高效和更公平的方法侦测水的泄漏，度量水利用情况以及确定费用。

8、政治和国际方面的水资源管理

过去，同一村落或同一水道或湖泊沿岸的家庭之间、农村地区和聚集区之间，以及上下游区域或国家之间，经常在水资源管理方面发生冲突。冲突的可能性较高，现在的某些观察人士预测，未来冲突的根源在于管理水资源使用的方式。现在，用水冲突已经波及到了世界上的许多地区。用水者之间协商以及最强势用水者单方强加优先次序，从而导致用水成为地方和国家层面的一个政治问题。

由于许多河流和含水层跨越若干个国家，而一个国家的水污染也可能影响到另一个国家，水资源管理也成为了一个国际问题。除了上述方面之外，因森林滥伐导致的侵蚀、河流和海洋的污染、全球变暖和水融化导致的后果，已经超出了沿水国家的责任范围，引起了国际社会的担忧，这也表明水资源管理存在多重维度。

尽管在地方层面，水足迹比较容易确定，但是，地方大量用水种植作物，或饲养牲畜，然后从水紧缺的国家出口至水充沛的国家，水利用或水滥用的延伸影响也是一个国际问题。由于水稀缺导致的损害程度，也因地形和地区的差异而不同。因此，需要在国际层面制定再平衡方案以及确定和实施补救措施，以确保用水平等。

9、宗教领域的水

水是世界所有宗教的一个重要元素。水是生命的象征、新生的象征和涤罪的象征。在诸如洗礼与洗涤仪式等宗教活动中，水是一个象征之物，在某种程度上，水也被视为神圣之物。众多传说和神话中，水与生命或危险相关，与原始宗教中的洁礼和祷告相关，例如印度教的恒河沐浴传统、基督教的洗礼、穆斯林祷告前的斋戒沐浴、犹太教和锡克教的撒圣水，这都证明了上述论断。在非洲的传统宗教中，河流和湖泊通常是女神和神的居住之所，而印度教女神和神的塑像也都浸没于水中。

三、伦理价值与原则

水及其利用、分配、管理、处理、回复利用和重新使用，必须理解价值和原则并遵照其引导。由于水是全人类和一切生命形式的共同需求，包括动物、植物和大气层。水伦理是跨文化和跨宗教的全球伦理之一部分。

10、伦理价值

水伦理必须基于诸如公平（例如以公正、公平和包容的方式，并作为一种基本需求而供水）、平等（以可以负担的方式用水[104]）、（用水）自由、责任、（例如使用和回收利用）、和平（例如分配机制方面）、尊重、包容和共享（分享有限的水资源）、团结和可持续（长期维持用水）和其他价值。

---

[104] See in Globethics.net publications: *Global Ethics for Leadership. Values and Virtues for Life*, 2016 (Global Series 13); Christoph Stückelberger, *Das Menschenrecht auf Nahrung und Wasser. Eine ethische Priorität* (The Human Right to Food and Water. An Ethical Priority), 2009 (Focus Series 1); and *Globethics.net Principles on Equality and Inequality for a Sustainable Economy*, 2015 (Texts Series 5).

水伦理是跨伦理领域的，诸如商业伦理、政治伦理、环境伦理、生物伦理、创新伦理、技术伦理、网络伦理等。

11、伦理原则

水资源管理必须尊重可持续、正义、用水权平等、责任和团结的伦理原则。这些价值构建和容易实现水资源的和平管理，例如在利益冲突的情况下，以及促进形成安全观，并确保主要参与者之间的平等权以及水资源的经济和稳健利用。执行上述原则的一个关键因素在于治理以及考虑各类用水者需求的程序。

11.1、所有人获得至关重要且最低限度水的正义原则

各个国家为社区提供饮用水必须优先于其他的水用途，因此，必须全面稳健和充分维持水资源管理和基础设施，以及根据是否为饮用水进行更好的区分。其他用水应最大化利用循环水。

公共当局必须确保供水价值基于公平计量，而且使得所有群体可以负担和获得，包括最弱势和最不利群集、妇女和儿童以及不受歧视的少数族群。

11.2、可持续性原则和保护责任

水资源管理必须遵行可持续性原则，以避免过度利用，或者损害超过可以回收利用的程度，以及根据供给计量和分配水资源。必须防止污染，以及降低因污染而导致的任何损害，并有效地将其视为一个最为紧迫的问题。可持续性也指水资源再生的能力，即所谓水生生态系统的弹性。

在社会的各个层面，必须贯彻执行双重利用、循环利用和重复利用策略和倡议。

必须执行保护和维持水资源的管理结构和策略，以确保可持续性。

11.3、获得饮用水的公平权原则和保护责任

2010 年的联合国大会及人权理事会均公认应获得安全的饮用水。无论何地，无论何人，必须公平获得安全的饮用水。

政府、私营部门、民间团体和用水者必须共同承担"不让任何人掉队"的责任。不能忽视小农场主、小牧民、渔民掉队的风险，需要逐一核查，并采取救济措施。

必须据此制定执行方略，包括管理方案以及用水者之间的配额裁定。

11.4、节制原则

应鼓励个人、家族、家庭和机构节约用水。应采取经济和财政激励措施，运用管理手段防止水的滥用、培育资源节约利用的意识，以及避免高消耗成为引人神往或无法摆脱的选择。这要求推动行为方式的变革，发展和运用最优化用水的设施、装备和技术。

四、创新伦理：应考虑的解决方案

12、技术解决方案

在过去数十年中，循环利用污水、废水、咸水或碱性水的能力得到了极大的发展。创新的前景阔，尤其是过滤膜技术、电离技术、双重渗透技术、氧化技术等等，这些均需要进一步提升，并开放共同研究。

与此类似，仍然需要持续改进以下技术，即节约用水，或者减少农业和工业用水需求，以及更加有效区分可饮用和不可饮用淡水与使用过的水之供应。检测管道水泄漏和家用水表技术，以及根据水表计量的用水收费，可以可持续性增加用水效率以及减少水资源管理中的腐败。

有关用水较少的作物方面的创新，推动了农业适应可用水量不断减少的情况。

以用水较少的作物取代耗水作物至关重要，例如以黍类作物替代稻米，以高粱替代玉米。在可行性和种植者及消费者接受方面，仍需进一步研究。

13、科技创新

在本地利用和加工过程而产生的水足迹计算，需要一定耗水方可生产的产品水足迹计算，以及水稀缺程度不同之间地区的国际商品贸易出口商品水足迹计算，这都需要进一步研究。计算区域水稀缺足迹所需的适当方法，可能要在国家层面予以确定，或通过国际谈判予以确定。

评估用水者和利益相关者主张配额的多重标准，以及根据平等、高效、可持续、团结和包容进行衡量，均需要进一步予以厘清和明确要求。另外，确保所人各方适当接受配额的方法必须予以识别、检验、分析、记录和宣传。

还应进一步研究行为变化的可行性及积极作用，从而易于适应传统和现代的用水习惯。

14、机制创新

需要分析、记录和分享旨在实现利益相关者之间用水配额公平的成功谈判过程。避免困境以及识别培育可持续和稳健用水的激励因素，均需要进一步分析和记录。一旦确认最佳实践之后，则需要予以宣传推广，并制定相应实施措施进行学习。国家的水资源管理机构应发挥重要作用，必须增加采购透明度，强化反腐机制。

15、创新伦理

创新与责任必须一致，而且满足共享的伦理要求，必须基于证据、对照实际情况、运用可靠的方法论，并以高于不同群体利益之上的共同利益为基础进行公开辩论。

五、经济伦理：公共利益和经济市场价值

16、免费用水与滥用之可能

从根本上而言，水是一种公共利益，而且具有经济价值，其由稀缺/可用程度、季节变化、水的质量、供水的基础设施，以及全球各区域本地居民、工业和农业的竞争性需求所决定。当用水免费时，则打开了挥霍用水之门，水龙头将流淌不息，造成不可挽回之损失，或者最有权力或最有势力的用水者将独家掌控水资源，而不会受到限制或不用顾及环境和本地社区的成本。

17、水成本

水同样也是无价的，但用水具有真实的成本，包括取水或集水、上游过滤、管道路由相关的投资、评测水质和消耗水量的器材、减少浪费及废水回收、处理和循环利用的设备。此外，还有维护整套系统的成本和实施此等管理所需的管理成本，而无论是否由公共当局或外包给私营作业者或协会实施。所有这一切都涉及扩大或开发用水新模式及节约耗水的投资、维护、研究和勘探费用。

18、水价的计算

水价的计算必须遵循最透明的方式，应考虑一切可能的成本：初期投资、运营和维护、新投资以及研究开发，以表明运营者获得的利润边际。由于用水者获得了品质用水的益处，且鉴于因净化水和治疗水传播疾病而节约的成本，此种"真实"的价值可以更容易得到所有用水者的认可。其前提条件是耗水量可以计量和计价，而且以直接的方式规定了收费结构和梯度。

19、鼓励经济性用水

基于耗水量而确定水价容易成为一个激励因素，促进更稳健用水和节约能源。这均适用于公共管理的供水系统和非正式的水罐供水系统。反向阶梯水费意味着防止过度耗水，在此方面，消耗越高，则水价越高，这证明是一种有用的手段。诸如"水自动取款机"之类的新技术，结合礼券及手机即时支付，都是增加水资源可得性和可负担性的低成本手段。

20、污染者付费原则

去污成本、或者至少是污染的相关成本，必须由污染的责任者承担。只有在找不到责任者的情况下，才可以申请公共基金及捐赠款。

21、决策者向最贫困人群发放补贴和票券至关重要

由政治决策者确定向弱势群体发放潜在补贴或票券的限额，并制定公平的机构确保这些补贴或票券合理且可以衡量。政治决策者也应负责根据耗水程度确定定价调整标准，以区别耗水大户（工业、机构和灌溉）和用水较少的家庭及小规模企业用户。政治决策者必须如此而为，同时遵行供水及处理全面预算之内的成本回收原则、个人用水者的饮用水优先原则和鼓励节水原则。

22、水基础设施：建立、维护和更新

用于取水、集水、保护水源、处理和储水的基础设施建设成本，诸如大坝和水库，均相当昂贵，可能还需要申请必须按时偿还的贷款或补助金。保持水网常压、收集、处理以及可能回复利用使用过的水，其所需的相关基础设施也存在类似的成本。除了建设成本，基础设施需要维护和更新。若发现严重泄漏，整个水管网络需要扩建和更换。责任预算及财政筹划应谨记分期偿还成本、维护和更新。

六、和平伦理：管理利益冲突和用水者之间的冲突

23、可用水量：众多用水者的需求超过供给

各类用水之间的利益冲突以及用水者之间的冲突，均涉及各人类群体的各种用水形式。家庭住户希望可以用水饮用、做饭、洗漱、洗衣和排污。农民想要用水及时灌溉他们的作物。工业企业期望用水增加产量，以及在生产过程中清洁和冷却或加热设备。渔民想要确保溪流的水不至于降低至干涸点。河船船夫以及河运运输从业者担心水位降低而无法进行运输，或者减少货物的运输量。市政当局则致力于避免水传染引发的流行病、管理水资源及向居民、工业和公共喷泉供水，以及清洁公共道路、水公园绿地、为消防栓和消防部队确保供水。所有这些需求难以同时满足，或者得到期望的水量。

24、地表水和含水层的污染扩散

正如在受污染河流可以看到的情况，关于水质量也可以产生冲突。其可以涉及地表水，也可以是地下水，即所谓的含水层。水的一个特点是利于污染的扩散和蔓延，不像土壤那样更容易隔离、限制和控制污染。

25、水作为一种武器

在某些情况下，水甚至可以成为一种施压、勒索或一个群体威胁另一个群体的武器，特别是居住在上游的群体用来对付居住在下游的群体，或者其他濒水地区群体用水抗衡沿湖居住的群体。恐怖

主义组织或甚至处于战争状态的政权可以将水用作武器。蓄意往井里和溪流里投毒是一种古老的做法，但现在仍将此作为一种战争武器。

26、不同用水者之间的仲裁

主要问题并不是避免可能的冲突，而是寻找管理冲突的最佳之道。水冲突管理首先意味着，承认冲突的存在，并按短期、中期和长期评估可用的资源，然后各方进行沟通，找到解决方案，并解决冲突。

识别出潜在的最中立机构，或者最少卷入特定或既定利益，并协商一致提请仲裁争端。各方必须处理不同利益相关者/用水者（家庭、工业、农民、社区）之间的利益和需求，致力于达成共识。为了实现这个目的，必须汇总用水者的优先需求，并予以权衡，实现更高效的管理、透明度和可审计性。因此，各类用水者及时性和季节性适应可以强化灵活性的程度。跨境湖泊和河流的水资源管理应遵行相同的程序。[105]

27、优先评估可用水量

必须优先进行评估，最重要的问题是饮用水可用水量与不可饮用水可用水量之间的比较，考虑两者的季节性变化。

---

[105] See Globethics.net study on the Great Lakes region: Lucien Wand'Arhasima 2015, *La gouvernance éthique des ressources en eaux transfrontalières. Le cas du lac Tanganyika en Afrique*, Globethics.net Focus No. 25, 2015.

28、推动公开而富有见地的辩论

至关重要的是，由公共当局来确定水资源管理的主要原则，而非技术官僚。专家的输入仅限于制定水资源管理程序，以及评估所做选择的后果。评估标准和不同需求排序必须是公开而富有见地的辩论主题。应核查和命名既定之利益。过于频繁赋予专家权利，一则过度，二则存在打开定向腐败大门的风险。

29、资源的稀缺性与合理消耗

自相矛盾的是，承认资源的稀缺性有助于排序程序以及全球分配。只要资源看起来取之不竭，优先性的排序似乎就成为一项人为之事，甚至是不必要之举，使用者好像不愿减少资源的耗用。

30、国际和区域间贸易中充分考虑了水的虚拟成本

鉴于农产品种植和畜牧产品的饲养均消耗淡水，而上述产品会在区域和国家间贸易，出口国家应充分考虑以及进口国家应认可水稀缺性足迹。不应忽视或轻视森林开采、土壤改良、地下水耗损及生物多样性减少而产生的成本。需要适当考虑整体可持续性以及脆弱的小规模农户遭受的损害，这也应成为国际贸易协定中不可分割的一部分。

七、治理伦理：规制和管理水

31、关于水的广泛讨论

区域和国家政治当局非常有兴趣举行有关水的广泛讨论，邀请所有用水者和利益相关者的代表共聚一桌。目的旨在获悉当前和未来区域或全国的可用资源，以及各类用水群体、家庭和个人、公司与工业企业、农业、交通运输业、渔业和包括消防部队等公共机构消耗或需求的水量。此等多利益相关者组成的平台编制的进展情况报告必须尽可能准确，并予以完整记录。同时也应考虑季节性变动、历史记录及未来趋势。

32、对于腐败的零容忍

关于水共享、水基础设施项目和水立法等腐败，不仅严重违背公平和可持续性原则，而且导致用水浪费和资源的非经济性利用。因此，地方、区域和国家当局需要优先给予滥用行为以最大程度的处罚，并施以严厉的制裁；换而言之，上述当局必须采取腐败零容忍政策。

33、根据多数人判断而形成的共识方案，讨论和采用管理模式

整个多利益相关者平台必须识别和支持一系列重要的水管理标准。主要标准是指用水平等、可持续性和回收潜力、产出与增长、期望和适应变化的潜力、污染影响和气候波动影响。该等平台必须讨论和评估因供水短缺和中断而出现的风险。

随后评估所有益处和风险，即使没有达成共识，至少获得大多数适格参与方的同意。所有利益相关者承担和享有管理系统的价值。

该种等级体系可能产生稀缺性的形势以及用水者之间根据季节或环境变化而不断加剧的竞争。这并非灵丹妙药，但为消融震荡、防止过度毁灭性的冲突以及惩治违法者指明了方向。且具有动态性、灵活性、适应性和创新性的优势。

34、解决分歧的公正和可靠体系

政府必须代表一个国家/法律实体以及环境的整个人类群体之利益。他们也必须尊重相邻国家的人类和环境利益。此外，当国家成为一个中立仲裁的时候，邀请主要参与者参加包容性平台，以及鼓励每个人认可和尊重其他人的需求，他们就会强化不同用水用途和用户群体之间相互依赖性。以此方式，国家加强了团结的基础。国家必须确保系统的严密性，以及每个利益相关者的声音得到倾听。他们负责制定适当的仲裁条款，并权衡各自利益。国家参与和承担决策者的责任，可以尽可能利用趋同性以及理解竞争中的各种利益。国家必须谨记，支持单一群体的腐败破坏了执行程序所需的信任，需要实施腐败的零容忍政策。

35、在惩罚的过程中实现决策

国家确保建立和执行一套法律框架，由一个司法系统尽可能公正实施有效救济和惩治违法者。以此方式，所有利益相关者可以建立对司法的坚实信任，并将暴力对抗的风险最小化。

36、在地方层面推动整体和跨学科方法

国家也应确保水管理的不同方面成为整体方法的一部分，包括技术、社会、法律和生态方面，并在各类专家和社区代表的帮助下确保跨学科交流。这避免适用单一的技术方法，而且避免询问关于在纯粹技术方面进行水利用和分配的问题。

37、在国际层面推动整体和跨学科方法

在国际层面进行水管理时，可适用类似的方法。那么，必须由一个大陆机构（欧盟、非洲联盟、区域合作组织）或者联合国承担仲裁者的角色。（诸如联合国环境署）已经建立了前景广阔的多利益相关者联盟，而且需要其他机构予以支持，诸如世界水质量联盟、循环经济联盟、全球废水基金、全球契约组织水部门以及其他机构。

八、宗教伦理：灵性和宗教传统和信仰

38、水的象征性重要意义

伟大的宗教和灵性传统都认可水及其一般效用，与净化和重生具有同等重要的象征意义。[参见上述§8]

39、世界各个宗教的文献记录

世界各个宗教述及水是滋养地球的礼物，从而结出果实，获得重生（《圣经》之《创世记 1》；《约伯记》5:10；《古兰经》21，30；22，63；24，45）。然而，如果发生洪水，则水也被视为一个

现实和潜在危险（《圣经》：《创世记 8》；《约拿书 1》）。据说，印度神纳拉亚纳靠水而活；在佛教中，菩萨坐在一种水生植物莲花之上。道家将人生之路比作是流水（《庄子》之《达生十九》i/49-54）。在古希腊和非洲的世界观中，女神通常栖身于海洋、湖泊和溪流。

许多宗教强调以水净化的重要性。印度教徒认为河流是神圣的，特别是恒河。在犹太教的洗涤仪式、穆斯林的葬礼，以及基督教的洗礼和祷告中的皈依和重生中，水与净化相关。在伊斯兰教中，五功的每一功第一步是洗礼。日本神道教仪式禊也涉及水。锡克教和印度教的众多圣地都有一个水池，用以举行净化仪式。一神论宗教则强调水是一种神圣的礼物，要求尊重水的使用，以及充分管理水资源。

40、以水解渴之责任

亚伯拉罕和达摩之宗教通常强调有责任供水解渴。所有圣言文本均要求不得拒绝向口渴之人提供水，此乃正当之举。禁止剥夺以水解渴之权，甚至不得剥夺敌人之饮水（《圣经》：《箴言篇》25:21；《罗马书》12:20；《圣训》之《布哈里》3.838），应予解渴。

41、要求管理

犹太教、基督教和伊斯兰教均强调人类有责任尊重将水作为资源和公共物品进行管理和保管。

42、未能关注"社会人"

尽管灵性和宗教传统承认他们邻人之口渴，且有义务确保应解邻人之口渴，但他们实际上没有解决水的经济价值，轻视水的成本和市场方面。其将水的公平市场价值之重要性降低至最小，从而遵循权力和无责任感的逻辑，为过度开发或污染铺平了道路。与其他物种的"客观性团结"以及与其他人类的"协调性团结"从未实现过，但是应谨记通过水域、系统、水网和机制分享用水。

43、结论

国家与地方当局、宗教界、学术界、私营部门、公民社会和个人声音必须号召以责任、尊重和可持续性的方式利用水，共同携手，一起面对挑战，改善可持续性、平等和有效实现水的共享。

***

编著者简介

安妮·巴莱（Annie BALET） 巴黎第十一大学奥赛理学院生理生态学博士，安妮·巴莱致力于应对环境变化的新陈代谢和植物超微结构研究。她随后在中学任教生物学，提高学生对环境和人道问题的认识。她协助组织了为期一个星期的可持续发展非正式研讨会。

朱莉娅·贝特雷（Julia BERTRET） 拥有法国巴黎高等商学院企业创业学硕士学位的环境工程师。她在环境战略咨询开始职业生涯之后，负责管理威立雅（Veolia）的开放式创新部门。自 2017 年以来，朱莉娅致力于创建 fWE 公司，旨在为环境相关的基础设施建设提供融资新模式，加快生态转型。

洛朗斯·布瓦松·德·沙祖尔内（Laurence BOISSON DE CHAZOURNES） 日内瓦大学法律系教授。她曾任世界银行法律部高级顾问（1995-1999），与其他国际组织合作。她是国际法、争议解决（国际法院、世界贸易组织和投资领域）及环境法的一名专家。她是众多国际环境法和水保护与管理特别相关的著作作者。

埃马纽埃尔·德·吕泽尔（Emmanuel DE LUTZEL） 法国巴黎银行微型金融负责人。自 2007 年以来，他一直为银行开发微型金融组合，遍布 8 个国家，涉及 17 个机构，总额高达 5000 万欧元，惠及 35 万家微型企业。他协助法国和欧洲的微型金融基金建立新的监管框架。

勒诺·德·瓦特维尔（Renaud DE WATTEVILLE） 接受职业飞行员的训练之后，转赴海外，创办了一家活动项目管理公司。20 多年以来，他为瑞士和海外的各个公司组织了众多活动。2008 年，他开办了瑞士淡水公司（Swiss Fresh Water SA），开发了一套低成本的分散式淡化系统，用于低收入人口。这是他发挥高强调工业项目经验的机会。

达妮埃拉·迪兹（Daniela DIZ） 拥有国际环境法、海洋科学和基于生态系统的管理学跨学科背景，思克莱德大学思克莱德环境法和治理中心成员，研究国际海洋法和海洋治理的演变。她担任过巴西政府的环境律师，世界野生动植基金加拿大分部的高级海洋政策官。她担任生态扶贫（ESPA）项目的研究员期间，研究公正和公正的海洋利益共享，特别是国际渔业法和政策。

埃弗莉娜·菲克特-维德曼（Evelyne FIECHTER-WIDEMANN） 是日内瓦律师公会的荣誉会员，拥有纽约大学比较法学硕士学位。2015 年获得日内瓦大学神学博士学位之后，她在新加坡从事全球水伦理的研究。她还兼任日内瓦行政法法院（CRUNI）司法委员会的助理法官，并在日内瓦学院教授瑞士公法和国际公法。她是瑞士新教教会救济会理事会和日内瓦国际改革博物馆董事会成员。

伯努瓦·吉拉尔丹（Benoît GIRARDIN）在一所大学机构日内瓦外交和国际关系学院讲授伦理和国际政治。他具有丰富的国际经验，曾负责在喀麦隆、巴基斯坦和罗马尼亚的瑞士发展合作项目，随后负责评估，最后出任瑞士驻马达加斯加大使。退休之后，他于2011年至2015年受邀到卢旺达的一所私立学术机构任职，1977年获得日内瓦大学的神学博士学位。

克里斯蒂安·哈伯利（Christian HÄBERLI）是伯尔尼大学世界贸易研究所的研究员，从贸易和投资角度研究食品安全，也是科学研究顾问，活动遍及欧洲、亚洲、非洲和美洲。由于他在国际劳工组织和瑞士政府的专业任职经历，从而出任世界贸易组织农业委员会主席，在约20起争端解决程序中担任专门小组成员。

马克·托马斯·热尼（Marc Thomas JENNI）是一位"瑞士认证银行家"，持有苏黎世瑞士银行学院的高级工商管理硕士学位，在瑞士联合银行服务将近20年之后辞职，与丹尼尔·西格弗里德（Daniel Siegfried）创办了儿童梦想基金。在香港和新加坡工作期间，马克有机会优先接触到众多富豪，他们通过捐赠和在地区的各类慈善项目参加志愿活动，帮助不幸之人。这激励他致力于改变社会贫困人群。

克莱芒丝·朗格尼（Clémence LANGONE） 获得了瓦莱的瑞士西部应用科学技术大学管理和旅游学士学位后，以志愿者身份在巴西为一家促进妇女社会和经济发展的非政府间组织工作。她目前在瑞士洛桑河畔罗马内尔（Romanel-sur-Lausanne）的用水基金担任项目经理。

埃弗莉娜·里昂（Evelyne LYONS） 入读巴黎国立高等矿业学校，随后出任工程师，负责监督塞纳河诺曼底水机构，然后到里昂水务公司工作。她担任巴黎天主教学院社会和经济学系的硕士项目教授，讲授国际团结行动、互助经济和市场逻辑和环境与可持续发展政策。她也是水学会的成员。

埃尔米纳·麦多（Hermine MEIDO） 出生于喀麦隆，她是巴米累克部落的传统非洲皇后，在日内瓦学习，获得了心理学博士学位。作为一个独立心理学家，她还在医院从事民族心理学工作，撰写了多部有关文化多样性的著作和文章。为了热心致力于帮助她所在村庄的健康中心，于 2006 年在瑞士创办一个协会。她有能力激励当地居民从事集水和管道设施建设的土方工作。健康中心和村庄的各个区域通过 24 条储水管提供饮用水。

弗朗索瓦·明格（François MÜNGER）持有洛桑大学地球物理和矿物学硕士学位、纳沙泰尔大学水文地质学硕士学位和瑞士联邦技术学院-EPFL 环境工程和生物技术学硕士学位。他出任过瑞士发展合作部（SDC）中美洲水项目负责人，尔后出任水倡议计划负责人。他在世界银行担任高级水专家。2015 年，他负责运营日内瓦水中心，这是一个有关防止水冲突的咨询机构和智库，2017 年，这个机构并入了日内瓦大学。

安妮·珀蒂皮埃尔·索万（Anne PETITPIERRE SAUVAIN）是日内瓦大学法律系荣誉教授，也是日内瓦律师公会成员。她的专业方向是商事法和环境法，据此在欧洲多所大学任教：斯特拉斯堡、里摩日和卢加诺。她在瑞士研究基金和瑞士国际学习网资助的研究项目中工作，分别是"贸易、环境和生物技术"和"技术转让、贸易和环境"，成果包括多部学术著作。

维克托·鲁菲（Victor RUFFY）曾受训成为地理学家，担任过沃州的区域规划部经理助理。他曾在市、州、中央和欧洲各级政治办公室工作。他还担任过欧洲委员会环境、区域规划和地方当局委员会副主席。他目前是总部位于斯特拉斯堡的非政府组织"欧洲水团结"成员之一。

丹尼尔·马尔科·西格弗里德（Daniel Marco SIEGFRIED）是儿童梦想基金项目的共同创始人和负责人。丹尼尔毕业于苏黎世商学院，获得了特许金融分析师证书，在苏黎世、香港、首尔和新加坡的瑞士联合银行工作了 9 年。在此期间，他在所工作地区广泛旅行，访问了众多慈善组织，见过了众多不同的贫困群体。其中，儿童的境况对他影响甚巨，激励他加强了在慈善方面的工作。

薇拉·斯拉维科娃（Vera SLAVEYKOVA）是日内瓦大学环境生物地球化学和生态毒理学教授和地球和环境科学学院副院长。她致力于研发新方法和新理念，研究影响水生系统和过程中微量元素、纳米微粒和纳米塑料等行为的基本过程，而这些系统与过程与水质量和环境风险评价高度相关。她兼任《环境科学生物地球化学动力学前沿》的专业主编。

洛朗斯－伊莎琳·斯塔尔－格雷奇（Laurence-Isaline STAHL-GRETSCH）在日内瓦大学完成了学业，随后作为史前考古学家，在汝拉州（跨汝拉州高速公路相关的建设工程）和日内瓦工作了 15 年。她完成论文答辩之后，受雇于日内瓦科学史博物馆，担任负责人十年之久。2209 年，这个博物馆在日内瓦举行了一次水力发电展览。

萨拉·斯图尔特-克勒克尔（Sarah STEWART-KROEKER）自 2016 年以来担任日内瓦大学神学系伦理学助理教授。2014 年在普林斯顿神学院获得博士学位之后，她在不列颠哥伦比亚大学从事博士后研究。她目前的研究领域专注于环境伦理。

克里斯托夫·斯图基（Christoph STUCKI）在苏黎世的瑞士联邦技术学院土木工程硕士学位之后，最初在瑞士联邦材料科学实验室从事材料性能的分析，随后加入了洛桑的一家工程公司。尔后在洛桑的瑞士联邦技术学院开发了一套铁路网络规划模型，1980 年受雇出任日内瓦公共交通系统的总经理。目前，他是日内瓦大型跨国公共交通网络的负责人。

玛拉·蒂尼诺（Mara TIGNINO）是日内瓦大学法律系的高级讲师，她讲授国际环境法和国际水法。她是日内瓦水中心所属国际水法平台的协调人。她还是国家和国际机构的专业和法律顾问。

马克·泽图恩（Mark ZEITOUN）是英国东安格利亚大学国际发展学院的高级讲师，还担任水安全研究中心主任。他的兴趣领域是权力不对称与社会正义和水政策与水事关系相互影响的方式。他在非洲和中陈冲突及后冲突地区作为人道主义援助水工程师时产生这方面的兴趣。他还经常提供关于水安全政策、水利外交和国际跨境水谈判的咨询服务。

Globethics.net

全球伦理网是位于日内瓦的伦理教师和机构网络，设立了一个国际性基金委员会，具有联合国经济及社会理事会咨商地位。我们的愿景是在高等教育之中融入伦理。我们致力于构建的世界，乃是人们，尤其是领导人，受过伦理价值观教育并按其行事，从而努力建设可持续、公正和和平的社会。

全球伦理网的创立信念是平等获取应用伦理领域的知识资源，可使发展中和转型经济体的个人和机构在全球话语体系中更加令人看得见和听得见。

为了确保获取应用领域的知识资源，全球伦理网建构了以下四类资源：

全球伦理网图书馆

Globethics.net Library

全球一流的伦理数字图书馆，藏有300萬冊文件以及特别编辑的内容。

全球伦理网出版物

Globethics.net Publications

拥有一家出版社，面向对应用伦理感兴趣所有作者开放，出版了22套系列丛书280多本图书。

全球伦理网学院

Globethics.net Academy

为所有人提供某个主题或特定领域的线上和线下伦理课程和培训。

全球伦理网网络

Globethics.net Network

全球伦理网为对话、思考和行为提供了一个电子平台。

全球伦理网为对话、思考和行为提供了一个电子平台。其核心平台是官方网站：

www.globethics.net ∎

China Ethics Series

Liu Baocheng, *中国价值观：理念与实践 Chinese Values: Conception and Practice*, 2022, 683pp. ISBN: 978-2-88931-438-6

Liu Baocheng/Chandni Patel, *Overseas Investment of Chinese Enterprises. A Casebook on Corporate Social Responsibility*, 2020, ISBN: 978-2-88931-355-6.

Agape Series

Moses C. *编辑，圣商灵粮：中国基督徒企业家的灵修日记 Daily Bread for Christians in Business: The Spiritual Diary of Chinese Christian Entrepreneurs, 412pp. 2021, ISBN 978-2-88931-391-4*

Haicun Kong, Walk the Talk. Africa / Asia Focus. Report of the International Online Conference, Jan / Mar 2021, 2021, 41pp. ISBN 978-2-88931- 411-9

崔万田 Cui Wantian *爱+经济学 Agape Economics*, 2020, 420pp. ISBN: 978-2-88931-349-5

Cui Wantian, Christoph Stückelberger, *The Better Sinner: A Practical Guide on Corruption*, 2020, 37pp. ISBN: 978-2-88931-339-6. Available also in Chinese.

Anh Tho Andres Kammler, *FaithInvest: Impactful Cooperation. Report of the International Conference Geneva 2020*, 2020, 70pp. ISBN: 978-2-88931- 357-0

崔万田 Cui Wantian, *价值观创造价值 企业家信仰于企业绩效*
Values Create Value. Impact through Faith-based Entrepreneurship, 2020, 432pp. IBSN: 978-2-88931-361-7

China Christian Series

Spirituality 4.0 at the Workplace and FaithInvest - Building Bridges, 2019, 107pp. ISBN: 978-2-88931-304-4

海茵兹・吕格尔 / 克里斯多夫・芝格里斯特 (Christoph Sigrist/ Heinz Rüegger) *Diaconia: An Introduction. Theological Foundation of Christian Service*, 2019, 433pp. ISBN: 978-2-88931-302-0

Research Ethics Series

Michelle Bergadaà, *Academic Plagiarism: Understanding It to Take Responsible Action*, 276pp. ISBN 978-2-88931-329-7